Francisco Abigail Méndez Leyva

Distribución vertical de carbono orgánico y densidad aparente en gleysol con petróleo intemperizado en la venta, tabasco

GRIN Publishing

Imprint:

Copyright © 2014 GRIN Verlag GmbH
Print and binding: Books on Demand GmbH, Norderstedt Germany
ISBN: 978-3-656-88374-6

This book at GRIN:

http://www.grin.com/es/e-book/287882/distribucion-vertical-de-carbono-organico-y-densidad-aparente-en-gleysol

GRIN - Your knowledge has value

Since its foundation in 1998, GRIN has specialized in publishing academic texts by students, college teachers and other academics as e-book and printed book. The website www.grin.com is an ideal platform for presenting term papers, final papers, scientific essays, dissertations and specialist books.

Visit us on the internet:

http://www.grin.com/

http://www.facebook.com/grincom

http://www.twitter.com/grin_com

UNIVERSIDAD POPULAR DE LA CHONTALPA

DIVISIÓN ACADÉMICA DE CIENCIAS BÁSICAS E INGENIERÍA

DISTRIBUCIÓN VERTICAL DE CARBONO ORGÁNICO Y DENSIDAD APARENTE EN GLEYSOL CONTAMINADO CON PETRÓLEO INTEMPERIZADO EN LA VENTA, TABASCO

Tesis que presenta

Francisco Abigail Méndez Leyva

Para obtener el título de

LICENCIADO QUÍMICO FÁRMACO BIÓLOGO

H. Cárdenas, Tabasco, México. Septiembre de 2014.

La presente tesis titulada **Distribución vertical de carbono orgánico y densidad aparente en Gleysol contaminado con petróleo intemperizado en La Venta, Tabasco,** se realizó en el Laboratorio de Microbiología Ambiental y Agrícola, perteneciente al Colegio de Postgraduados (COLPOS) *Campus* Tabasco.

Esta investigación fue dirigida por la Dra. María del Carmen Rivera Cruz, Profesora Investigadora Titular del COLPOS *Campus* Tabasco, y Profesora de asignatura en el Programa Educativo de Ingeniería Química Petrolera, Universidad Popular de la Chontalpa.

El presente estudio fue financiado en su totalidad con cargo a la clave 40018, apoyo a investigación científica que el *Campus* Tabasco COLPOS asigna a sus Profesores Investigadores.

Dedicatoria

La presente tesis está dedicada a todas aquellas personas que desde mi infancia dedicaron su tiempo y esfuerzo para moldear la persona que hoy en día soy, en especial a mi madre que desde lo más bello de los cielos, me ha acompañado en los momentos más difíciles de mi vida y que en su lugar dejó a mi mamá Nidia; que con su amor, cariño y apoyo incondicional he logrado consumar esta etapa de mi vida.

A mi papá, Vidal Méndez López, gracias por tus consejos y por apoyarme económica y moralmente durante esta bella etapa de mi vida; te amo papá........

A mis hermanos Yadira, Ricardo, Bélgica e Irasema, por estar siempre a mi lado y compartir mis logros y satisfacciones.......

A mis compañeros de laboratorio Kevin, Omar y Julio del Ángel por haberme acompañado durante la última etapa de la carrera. Amigos en verdad mil gracias, jamás encontraré personas como ustedes....

i

Agradecimientos

A la Doctora María del Carmen Rivera Cruz y al Profesor Antonio Trujillo, les agradezco la oportunidad que me dieron para desarrollar la presente tesis.

Doctora gracias por tantos conocimientos que aportó a mi persona, gracias por el tiempo dedicado hacia los estudiantes, gracias por enseñarnos a navegar en el mundo de la ciencia...

Profe Trujillo, de igual manera le estoy infinitamente agradecido por tantas enseñanzas, gracias por enseñarme que los valores de la honestidad y responsabilidad siempre hacen la diferencia, mil gracias...

A la Maestra Ana Guadalupe, gracias por apoyarme en este proyecto...

Al COLPOS por permitirme tener acceso a las instalaciones y materiales existentes en el Laboratorio de Microbiología Ambiental, donde realicé esta investigación...

A la Universidad Popular de la Chontalpa por haber dado la oportunidad de desarrollarme como profesional, a sus profesores por contribuir con mi formación académica y prepararnos para enfrentar el ámbito laboral...

A mis compañeros de la carrera: Mariana, Marleni, Yeya, Gaby, Xiomara, Jenny, Reymundo, Pedro, Luis, Eduardo, Manolo, Andrés y Obed por haberme brindado su amistad incondicional durante cinco años, amigos gracias...

A la señora Darvelia y sus hijos Onésimo, Lázaro y Abel, en el ejido José Narciso Rovirosa, municipio de Huimanguillo, por permitirme entrar en el terreno de su propiedad, en el cual se realizó el trabajo de campo de la presente investigación...

Índice

Índice de cuadros   Página

Resumen

Durante el periodo de sequía de mayo de 2013 se colectaron, a diferentes profundidades, 48 muestras de un Gleysol localizado en el ejido José Narciso Rovirosa, perteneciente al municipio de Huimanguillo, Tabasco. Se realizaron estudios de humedad, densidad aparente, materia orgánica, carbono orgánico e hidrocarburos totales del petróleo intemperizado (HTPI) de las muestras del Gleysol influenciado durante 40 años por oleoductos y emisiones gaseosas procedentes del Complejo Procesador de Gas La Venta, ubicado en Huimanguillo, Tabasco. El objetivo fue caracterizar la distribución vertical del carbono orgánico y la densidad aparente en un Gleysol afectado por la industria petrolera. Las técnicas utilizadas fueron gravimetría para los HTPI, gravimetría para la humedad del suelo, técnica de parafina para la densidad aparente y combustión seca para carbono orgánico. Se aplicó la prueba de medias de ANOVA (Tukey, $p \leq 0.05$) y correlación de Pearson. Los resultados muestran que en los 24 puntos de muestreo existe alta concentración de HTPI, que varía de 4,809 a 495,515 mg kg^{-1} base seca de acuerdo a la evaluación realizada por Carranza (2011), encontrándose que todos rebasan los límites máximos permisibles de la fracción pesada especificado en la NOM-138-SEMARNAT/SSA1-2012. La cantidad de carbono orgánico en la capa 1 de las cuatro áreas 1 no tiene correlación con la cantidad de HTPI pero si en la capa 2 con un valor de 0.610**. Esto demuestra que el petróleo se encuentra enterrado. La densidad aparente del suelo en las áreas de la capa superficial no fue alterada por el petróleo pero si fue afectada en la capa 2 del área 4, donde se encontró efecto significativo con r = -0.268*.

Summary

During the drought period May 2013 were collected at different depths, 48 samples Gleysol located in the ejido José Narciso Rovirosa, in the municipality of Huimanguillo Tabasco. Studies moisture, bulk density, organic matter, organic carbon and total petroleum hydrocarbons from weathered oil (HTPI) of samples influenced Gleysol for 40 years for oil and gas emissions from the Gas Processor Complex Sale located in Huimanguillo were performed Tabasco. The objective was to characterize the vertical distribution of organic carbon and bulk density of Gleysol affected by the oil industry. The techniques used were gravimetrically for HTPI, gravimetry for soil moisture, paraffin technique for dry bulk density and organic carbon combustion. The mean test ANOVA (Tukey, $p \leq 0.05$) and Pearson correlation was applied. The results show that in the 24 sampling points high concentration of HTPI, ranging from 4.809 to 495.515 mg kg^{-1} Dry basis according to the assessment made by Carranza (2011), finding that all exceed the maximum permissible limits of heavy fraction there Specified in the NOM-138-SEMARNAT/SSA1-2012. The amount of organic carbon in the layer 1 of the four areas 1 has no correlation with the amount of HTPI but layer 2 with a value of 0,610** This shows that the oil is buried. The bulk density of the soil in the areas of the surface layer was not altered by oil but was affected in layer 2 of area 4, where significant effect was found with r = -0,268*.

I. INTRODUCCIÓN

El petróleo es uno de los recursos naturales que ha magnificado la economía mexicana, además cerca del 88% de la energía primaria utilizada por la población se deriva del petróleo (Díaz, 2012), sin embargo el tipo de explotación y manejo de las instalaciones petroleras ha originado numerosos derrames de hidrocarburos, que han tenido un impacto negativo al medio ambiente (Rivera, 2012; García, 2013). Al respecto, la Procuraduría Federal de Protección al Ambiente (PROFEPA, 2011) indica que durante el periodo de los años 2000-2011, el volumen nacional de derrames de petróleo fue de 73.9 miles de barriles (mlbs). Además reporta que el 32.2% de los derrames de petróleo, del total nacional, ocurren en suelos y cuerpos de agua localizados en el estado de Tabasco.

El estado de Tabasco es una de las zonas más afectadas por derrames de petróleo, debido a tuberías corroídas, recortes de perforación, descargas de petroquímicas y refinerías (Palma y Cisneros, 1996). El impacto ambiental de la industria petrolera fue originado por derrames de hasta 12.5 mlbs en tierra y 12.7 mlbs en el mar tan solo en la última década (PROFEPA, 2011). Los suelos más afectados en el territorio tabasqueño corresponden principalmente a los que se encuentran en pantanos o zonas inundables donde la materia orgánica y arcilla es sumamente elevada (Palma y Cisneros 1996).

Algunos suelos contaminados contienen concentraciones de hidrocarburos de hasta 450,000 mg kg^{-1}. Esto significa que estos suelos están contaminados por encima de los límites máximos permisibles indicados en la NOM-138-SEMARNAT/SSA1-2012 (DOF, 2013), lo que origina la degradación del suelo, reduciendo sus capacidades y disminuyendo el potencial para producir, cuantitativa y cualitativamente, bienes y servicios (Rivera, 2012).

Existen reportes que afirman que los suelos contaminados con petróleo presentan contenidos de carbono orgánico y agregados estables muy altos respecto a suelos del mismo origen pedogenético. Por ejemplo, González-Moscoso et al. (2012)

1

encontraron que el porcentaje de agregación y los contenidos de materia orgánica aumentan directamente con la dosis de petróleo, por lo tanto el carbono orgánico derivado del petróleo fresco contribuye a la cementación de los agregados. A mayor cantidad de petróleo adicionado en el suelo debería ser positivo para la calidad de los suelos, sin embargo los agregados son cubiertos por una capa cerosa que no permite la retención de humedad (Dorantes, 2008).

En concordancia con la información anterior, la presente investigación evaluó los contenidos de carbono orgánico y su relación con la densidad aparente y con los contenidos de hidrocarburos del petróleo en el suelo.

II. OBJETIVOS

2.1. Objetivo general

Caracterizar la distribución vertical del carbono orgánico y la densidad aparente en un suelo contaminado con petróleo intemperizado.

2.2. Objetivos específicos

- Determinar la distribución vertical y por área del carbono orgánico y densidad aparente respecto a los contenidos de hidrocarburos del petróleo en el suelo.
- Evaluar la relación entre carbono orgánico, densidad aparente e hidrocarburos totales del petróleo según la profundidad del suelo.

III. HIPÓTESIS

3.1. Los Gleysoles aledaños a las instalaciones del Complejo Procesador de Gas La Venta tienen altos contenidos de carbono orgánico debido a la presencia del petróleo intemperizado.

3.2. Los contenidos de carbono orgánico y la densidad aparente del suelo aumentan directamente con el incremento del petróleo intemperizado.

3

IV. REVISIÓN DE LITERATURA

4.1. El petróleo y su origen

La palabra petróleo proviene del latín *petroleum* o *petros* que significa piedra, y de *óleum* que significa aceite, que da como resultado el significado de aceite de piedra (del Águila, 2010). Es un líquido viscoso, de color pardo oscuro, de olor desagradable, tóxico, irritante e inflamable que se encuentra en yacimientos a diferentes profundidades en el interior de la tierra, su origen es la descomposición de animales de origen marino principalmente, pero también de plantas que habitaron en los periodos Triásico, Jurásico y Cretácico de la era Mesozoica, hace 136 o 225 millones de años (Castro, 2007).

La teoría más aceptada del origen del petróleo es de tipo orgánico y sedimentario. La formación del petróleo requiere de la concertación de muchos factores y sucesos, inicialmente, grandes cantidades de materia orgánica, la cual está compuesta fundamentalmente por el fitoplancton y el zooplancton marinos, al igual que por materia vegetal y animal, en conjunto con mantos sucesivos de arenas, arcillas, limo y otros sedimentos, sometidos a grandes presiones y altas temperaturas, junto con la acción de bacterias anaerobias provocan la formación del petróleo. El cual se depositó en el pasado en el fondo de los grandes lagos y en el lecho de los mares, conformando lo que geológicamente se conoce como rocas o mantos sedimentarios (Cañipa-Morales, 2002; del Águila, 2010; CICEANA, 2013).

4.2 Composición química del petróleo

El petróleo es un compuesto químico complejo en el que coexisten partes sólidas, líquidas y gaseosas, se caracteriza por tener una composición química sumamente compleja, puede contener un sin número de compuestos, básicamente de la familia de los hidrocarburos (Torres *y* Zuluaga, 2009).La composición elemental de un crudo está condicionada por la predominancia de los compuestos tipo hidrocarburo: 84 a 87% de carbono, 11 a 14% de hidrógeno, de 0 a 8% de azufre, 0 a 4% de oxígeno y nitrógeno (N), y trazas de níquel y vanadio (Viñas, 2005).

Los hidrocarburos son compuestos orgánicos que, según su naturaleza de origen, son clasificados en hidrocarburos biogénicos e hidrocarburos antropogénicos. Los hidrocarburos biogénicos son sintetizados por casi todas las plantas, animales terrestres y marinos, incluyendo la microbiota, bacterias, plancton marino, diatomeas, algas y plantas superiores. Por otra parte, los hidrocarburos antropogénicos son aquellos que son introducidos como resultado de cualquier tipo de actividad humana. El principal aporte está dado por los procesos de combustión industrial de carbón, combustibles fósiles y petróleo refinado, las descargas de aguas municipales, las actividades de transporte y los derrames son algunas de las principales fuentes de estos contaminantes (Castro, 2007).

El petróleo contiene entre 50 al 98% de hidrocarburos, se distinguen cuatro fracciones: saturada, aromática, resinas y asfáltenos, en el Cuadro 1 se reportan las características generales (Olguín *et al.*, 2007).

Cuadro 1.   Composición de las fracciones químicas contenidas en el petróleo crudo.

Fracción	Composición
Saturada	n-alcanos, alcanos ramificados con cadenas alquílicas, las Cicloparafinas o cicloalcanos y los hopanos.
Aromática	Hidrocarburos monoaromáticos, diaromáticos y aromáticos policíclicos (HAP).
Resinas	Agregados de piridinas, quinolinas, carbazoles, tiofenos, sulfóxidos y amidas.
Asfáltenos	Agregados de HAP, ácidos nafténicos, sulfuros, ácidos grasos, metaloporfirinas, fenoles polihidratados. Son menos abundantes y consisten en compuestos más polares, pudiéndose encontrar hidrocarburos heterocíclicos, hidrocarburos oxigenados y agregados de alto peso molecular

Fuente: Viñas, 2005.

En la Figura 1 se muestran las estructuras químicas de los hidrocarburos saturados (alcanos y cicloparafinas), aromáticos (monoaromáticos y poliaromaticos), resinas (piridinas y quinolinas) y los asfáltenos.

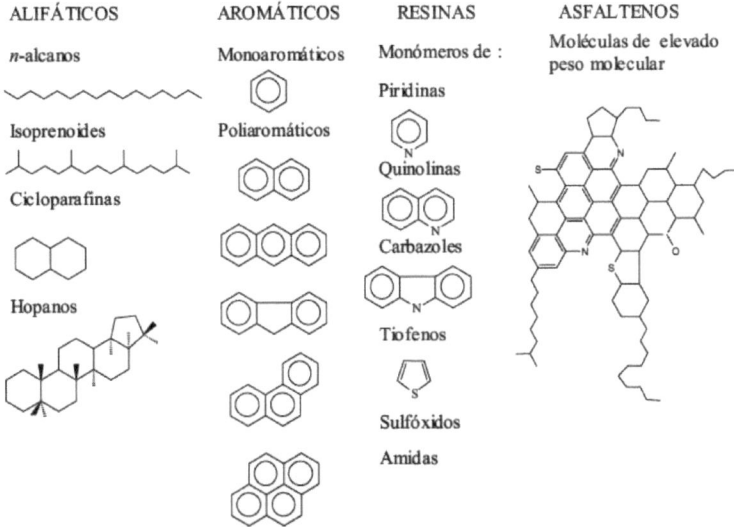

Figura 1.   Estructura química de hidrocarburos saturados, aromáticos, resinas
y asfáltenos (Viñas, 2005).

4.3. Definición de suelo

Se denomina suelo al sistema estructurado, biológicamente activo, que tiende a desarrollarse en la superficie de las tierras emergidas por la influencia de la intemperie y de los seres vivos (Torres y Zuluaga, 2009). Es un cuerpo natural formado por una fase sólida (minerales y materia orgánica), una fase líquida y una fase gaseosa, organizada en horizontes o capas de materiales distintos a la roca madre, como resultado de adiciones, pérdidas, transferencias y transformaciones de materia y energía (Jordán, 2005). Además sirve como substrato a plantas, animales y al hombre y posee características de fertilidad, debido al proceso de meteorización y descomposición de las rocas durante un tiempo geológico determinado (Camacho y Ariosa, 2000).

4.3.1. Importancia del suelo

El suelo desempeña funciones de gran importancia para el sustento de la vida en este planeta, sirve de soporte físico e infraestructura para la agricultura, actividades forestales, recreativas, agropecuarias y socioeconómicas como; vivienda, industria y carreteras. Es fuente de alimentos para la producción de biomasas, actúa como medio filtrante, amortiguador y transformador, es hábitat de miles de organismos, y el escenario donde ocurren los ciclos biogeoquímicos (Volke-Sepúlveda *et al.*, 2005).

La importancia del suelo reside en los servicios ambientales de soporte, regulación, provisión y culturales que proporciona al ser humano. Este recurso natural es el soporte de los organismos, actúa como reserva de sustancias orgánicas y minerales, regula los intercambios y flujos en el ecosistema, es el sitio de la transformación de la materia orgánica, además es un sistema de purificación y amortiguamiento de las sustancias tóxicas (Trujillo-Narcía *et al.*, 2012).

4.3.2. Composición del suelo

El suelo está integrado por tres fases (Figura 2); fase sólida (mineral y orgánica) ocupa generalmente hasta el 50% de su volumen total; 45% mineral y 5% materia orgánica. El resto lo ocupan la fase líquida (agua) con un 25% y la fase gaseosa (aire) 25%, las que mantienen una proporción complementaria al llenar los poros que se originan entre los agregados y las partículas de la fase sólida (Fassbender, 1975; Jordán, 2005). El peso de cada una de las fases del suelo se observan en la Figura 3.

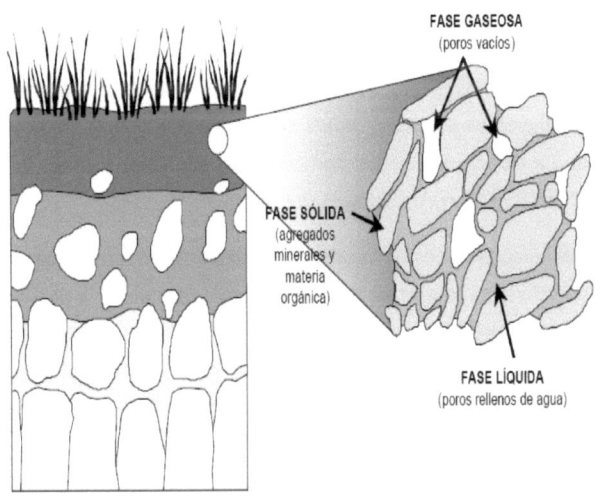

Figura 2. Esquema de las fases del suelo (Jordán, 2005).

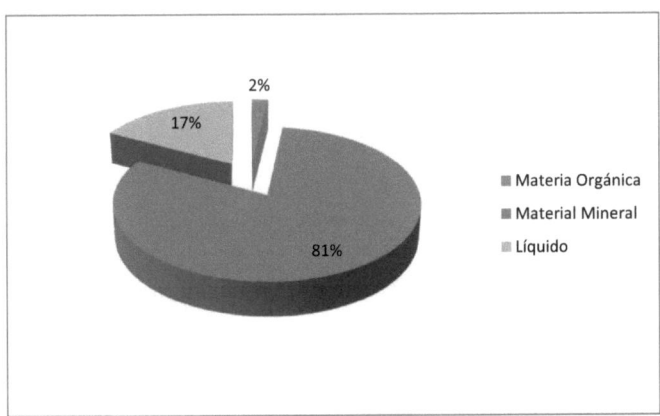

Figura 3. Fases del suelo (peso) Jordán, 2005.

4.3.3. Fase sólida

La fase sólida representa la fase más estable del suelo y por tanto es la más representativa y la más ampliamente estudiada. Es una fase muy heterogénea, formada por constituyentes de origen orgánico e inorgánico, constituye el esqueleto o matriz del suelo. La disposición de las partículas del esqueleto permite la existencia de una cantidad variable de poros (Brissio, 2005).

La fase sólida del suelo proviene de la descomposición de las rocas y de los residuos vegetales, y es relativamente estable en cuanto a su composición y organización. La disposición y acomodación de las partículas de la fase sólida del suelo determina una serie de características físicas del suelo, como; estructura, porosidad, permeabilidad y densidad. La fase sólida del suelo es la fuente de la mayoría de los nutrientes vegetales; es el almacén de agua requerida por las plantas y determina la eficiencia con que el suelo desempeña las funciones que permiten el desarrollo de las plantas (Jordán, 2005).

La proporción de la materia orgánica dentro de la fase sólida varía entre los suelos. En la mayor parte de los suelos cultivados varía entre el 2 y el 5%, en algunos llega al 8 y 10% y en casos extremos, como en los suelos turbosos, puede alcanzar hasta el 90 a 95%. El contenido de la materia orgánica disminuye en forma variable con la profundidad del suelo; a veces también se produce acumulación en determinados horizontes del suelo (Fassbender, 1975).

4.3.4. Fase gaseosa

La fase gaseosa se localiza en los poros del suelo, junta a la fase líquida. La proporción de volumen ocupado por las fases gaseosa y líquida en un suelo determinado varía en función de las condiciones ambientales, en promedio, la fase gaseosa ocupa aproximadamente un 25% del volumen del suelo. La atmósfera del suelo permite la respiración de los organismos del suelo y de las raíces de las plantas (Brissio, 2005).

La composición química de la fase gaseosa del suelo es similar a la de la atmósfera, pero es mucho más variable, en el Cuadro 2 se indican los porcentajes de O_2, N_2, CO_2 y H_2O_2. En los períodos de mayor actividad biológica (primavera y otoño), la actividad respiratoria de los seres vivos incrementa la proporción de CO_2 y disminuye la proporción de O_2. La concentración de oxígeno y dióxido de carbono varía dependiendo de la época del año, e clima, el tipo de cultivo, la actividad de los microorganismos y el manejo de los residuos de la cosecha, entre otros factores (Jordán, 2005).

La fase gaseosa de los suelos bien drenados tienen casi la misma composición del aire atmosférico, o sea, aproximadamente 80% de nitrógeno y 20% de oxígeno y otros gases raros; el contenido de anhídrido carbónico alcanza, por el contrario, hasta 0.1% (Cuadro 2). En casos extremos, como en suelos y horizontes inundados, el contenido de anhídrido carbónico aumenta rápido y a veces remplaza totalmente al oxígeno (Fassbender, 1975).

Cuadro 2.   Composición de la atmósfera y la fase gaseosa del suelo.

Componente	Atmósfera	Fase gaseosa del suelo
Oxígeno (O_2)	21%	10-20%
Nitrógeno (N_2)	78%	78-80%
Bióxido de carbono (CO_2)	0.03%	0.2-3%
Agua (H_2O)	Variable	En saturación

Fuente: Brissio, 2005.

4.3.5. Fase líquida

La fase líquida del suelo está constituida por una disolución acuosa. Hay dos aspectos del agua del suelo que subraya el especial significado de este constituyente. El agua es retenida por los poros del suelo con diferente intensidad dependiendo de la cantidad de agua presente y el tamaño de los poros (Jordán, 2005). Cuando el contenido de humedad del suelo es óptimo, el agua de los poros grandes e intermedios puede moverse por el suelo en cualquier dirección: descendente, ascendente o hacia las raíces (Figura 4).

El agua es el solvente que junto con los nutrientes disueltos forma la denominada solución del suelo, de la cual las plantas absorben los elementos esenciales. Entre estos encontramos: nutrientes mayoritarios como Ca, K, N y P y micronutrientes; Fe, Mn, B, Mo, Cu, etc. (Brissio, 2005).

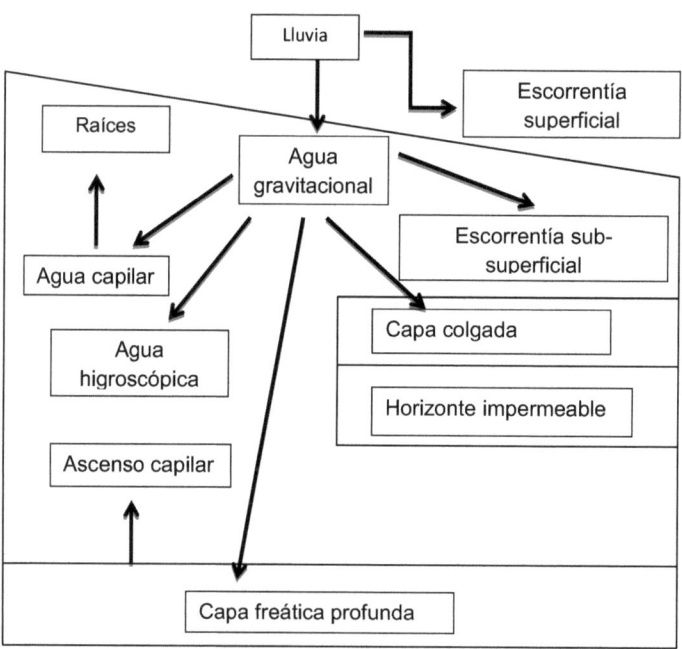

Figura 4. Distribución del agua en el suelo (Jordán, 2005).

La presencia de agua suficiente en el suelo es vital para el crecimiento de las plantas, no solo porque estas necesitan de aquella para realizar sus procesos fisiológicos, sino porque el agua contiene nutrientes en solución. La lluvia y otras formas de precipitación constituyen los aportes de agua, pero poco beneficiarias a las plantas si el suelo no pudiera almacenarla para el uso de los vegetales entre las lluvias. La capacidad del suelo para almacenar agua depende de su profundidad, textura, estructura y otras propiedades fundamentales (Thompson, 1982).

4.4. Propiedades físicas y químicas del suelo

Las propiedades físicas del suelo son el comportamiento mecánico de la fase solida del suelo, la cual se divide en dos grupos principales, uno son las características físicas fundamentales (textura, estructura, color, consistencia, densidad y temperatura), y dos, las características físicas derivadas (Giménez, 2013).

La condición física de un suelo determina la rigidez y la fuerza de sostenimiento, la facilidad para la penetración de las raíces, la aireación, la capacidad de drenaje y de almacenamiento de agua, la plasticidad, y la retención de nutrientes (Porta *et al.*, 2003; Rucks *et al.,* 2004).

La química de suelos es la ciencia que estudia las propiedades químicas del suelo y de sus componentes inorgánicos y orgánicos, así como los fenómenos a que da lugar la mezcla de esos componentes (Rucks *et al.*, 2004). Algunas propiedades químicas del suelo son la materia orgánica, carbono orgánico, contenidos de N, P, K; capacidad de intercambio catiónico y/o aniónico (Jordán, 2005). Estos parámetros influyen en los índices de percolación, recarga de acuíferos, lixiviado de contaminantes y transporte (Castro, 2007).

A continuación se describen y analizan las propiedades físicas y químicas de la densidad aparente, porcentaje de humedad, materia orgánica y carbono orgánico, por ser las propiedades evaluadas en este estudio.

4.4.1. Densidad aparente del suelo

La densidad aparente se define como la masa de suelo por unidad de volumen (g cm^{-3} o tm^{-3}). Describe la compactación del suelo, representando la relación entre sólidos y espacio poroso (Keller y Håkansson, 2010).Es la relación entre la masa del suelo seco y el volumen total del mismo, incluyendo el espacio poroso. Es una característica del suelo que reviste importancia para el agrónomo pues, a través de ella, se puede calcular el espacio poroso total, transformar la humedad gravimétrica en volumétrica, para conocer el peso de la capa arable, para calcular láminas de riego, etc. (Giménez, 2013). Se analiza con suelos secados al aire o secados en la estufa a 110°C. La densidad aparente está relacionada con el peso específico de las partículas minerales y las partículas orgánicas así como por la porosidad de los suelos. El peso de la unidad de volumen de suelo con espacios intersticiales es lo que da la densidad aparente (Huerta-Cantera, 2010).

Es una forma de evaluar la resistencia del suelo a la elongación de las raíces. También se usa para convertir datos expresados en concentraciones amasa o volumen, cálculos muy utilizados en fertilidad y fertilización de cultivos extensivos. La densidad aparente varía con la textura del suelo y el contenido de materia orgánica; puede variar estacionalmente por efecto de labranzas y con la humedad del suelo sobre todo en los suelos con arcillas expandibles (Taboada y Álvarez, 2008).

La densidad aparente es importante para estudios cuantitativos de suelo. Los resultados de las densidades aparentes son fundamentales para calcular la humedad, los grados deformación de arcilla y la acumulación de los carbonatos en los perfiles de suelo, Los suelos orgánicos tienen muy baja densidad aparente en comparación con los suelos minerales (Huerta-Cantera, 2010).

4.4.2. Humedad del suelo

La humedad del suelo es un factor importante porque actúa como medio de transporte de nutrientes y oxígeno a la célula. La humedad que se debe mantener en un ambiente es del orden del 20 al 75% de capacidad de campo, la cual se define como la masa de agua que admite el suelo hasta la saturación (Ñustez, 2012).

El agua en el suelo actúa como un solvente y portador de nutrimentos para las plantas y dentro de ellas. Además, intemperiza las rocas y los minerales, ioniza los macro y micronutrientes que las plantas toman del suelo, y permite que la materia orgánica sea fácilmente biodegradable (Jordán, 2005).

El contenido de agua en el suelo puede ser benéfico, pero en algunos casos también perjudicial. El exceso de agua en los suelos favorece la lixiviación de sales y de algunos otros compuestos. En suelos con una humedad demasiado baja da lugar a zonas secas y a una disminución en la actividad microbiana; sin embargo, demasiada humedad inhibe el intercambio de gases y el movimiento de oxígeno a través del suelo y deriva en la aparición de zonas anaerobias, lo cual daría lugar a la eliminación de las bacterias aerobias y el aumento de la presencia de anaerobios o anaerobios facultativos. El agua es un regulador importante de las actividades físicas, químicas y biológicas en el suelo (Fernández *et al.,* 2006; Torres y Zuluaga, 2009).

4.4.3. Materia orgánica del suelo

La materia orgánica del suelo (MOS) está constituida por residuos orgánicos de origen animal y/o vegetal, que están en diferentes etapas de descomposición, y que se acumulan tanto en la superficie como dentro del perfil del suelo. Además, incluye una fracción viva, o biota, que participa en la descomposición y transformación de los residuos orgánicos. La MOS del suelo se encuentra estrechamente relacionada con la productividad agrícola. Las mejores condiciones físicas, químicas y biológicas para los cultivos se encuentran preferentemente en suelos con alto contenido de materia orgánica (Barbosa, 2011)

La MOS según se observa en la Figura 5 constituye la fracción orgánica que incluye organismos vivos y materia orgánica muerta (vegetales y animales). La materia orgánica muerta está compuesta por materia orgánica fresca y materia orgánica transformada, esta última se subdivide en sustancias no húmicas y húmicas. La parte más estable de esta MOS se llama humus, que se obtiene de la descomposición de la mayor parte de las sustancias vegetales o animales. La fracción orgánica del suelo regula los procesos químicos que allí ocurren, influye sobre las características físicas y es el centro de casi todas las actividades biológicas en el mismo, incluyendo la microflora y la fauna (Bornemisza, 1982).

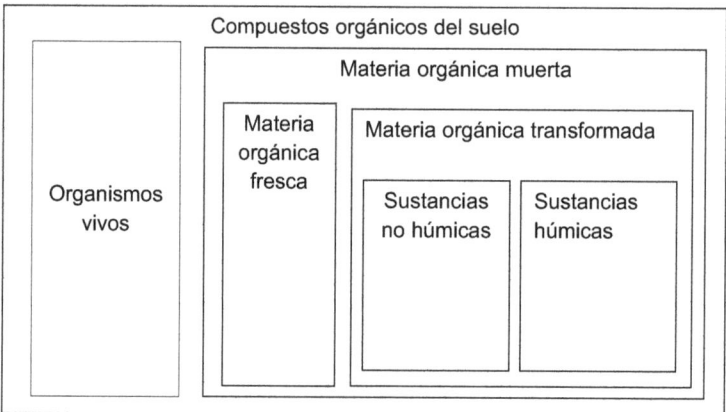

Figura 5. Composición de la materia orgánica del suelo (Jordán, 2005).

En el Cuadro 3 se muestra la influencia de la MOS sobre las propiedades físicas, químicas y biológicas del suelo, así como las múltiples interrelaciones en las que la MOS contribuye con la calidad y fertilidad del suelo (Porta *et al.*, 2003).

15

Cuadro 3.   Relación de la materia orgánica del suelo con las propiedades del
suelo.

Propiedades Físicas	Propiedades Químicas	Propiedades Biológicas
• Estructuración	• Intercambio iónico	• Formación del suelo
• Sellado y encostramiento de la superficie del suelo	• Capacidad tampón frente a cambios de pH	• Reserva de energía metabólica de Carbono
• Porosidad y aireación	• Estabilización de nutrientes en forma orgánica (N, P y S)	• Fuente de macronutrientes (N, P y S) y micronutrientes (B, Mo).
• Movimiento y capacidad de retención de agua	• Formación de complejos órgano minerales.	• Estimula e inhibe la actividad enzimática
• Oscurecimiento de la superficie del suelo	• Interacción con xenobióticos	• Regulador del crecimiento de las plantas
• Prevención contra procesos erosivos	• Función depuradora frente a vertidos potencialmente toxico	• Efecto antibiótico frente a organismos patógenos
	• Calidad de las aguas freáticas	• Resiliencia de ecosistemas

Fuente: Porta *et al.*, 2003.

4.4.4. Carbono orgánico del suelo

El carbono orgánico del suelo (COS) es el principal elemento de mayor contenido en la materia orgánica del suelo (Martínez et al., 2008). Es uno de los principales componentes de los seres vivos, aproximadamente es el 50% del peso seco de la MOS. En el medio ambiente el ciclo del carbono está estrechamente ligado al flujo de energía debido a que las principales reservas de energía de los organismos son compuestos reducidos de carbono que han derivado de la fijación del CO_2 atmosférico, ya sea por medio de la fotosíntesis o, con menor frecuencia de la quimiosíntesis. Las plantas y los animales que mueren son desintegrados por los microorganismos, en particular por bacterias y hongos, los cuales regresan el C al medio en forma de CO_2 (Fernández et al., 2006). La mayor parte de la provisión de carbono se halla ligada a los materiales orgánicos, vivos o muertos y deviene accesible a los nuevos seres vivos cuando los primeros se han descompuesto (Buckman y Brady, 1970).

El COS del suelo es un componente importante del ciclo global del carbono, ocupa el 69.8% del CO de la biosfera. El suelo puede actuar como fuente o reservorio de Carbono dependiendo de su uso y manejo. Se estima que desde que se incorporan nuevos suelos a la agricultura hasta establecer sistemas intensivos de cultivo se producen pérdidas de CO que fluctúan entre 30 y 50% del nivel inicial. La pérdida de material húmico de los suelos cultivados es superior a la tasa de formación de humus de suelos no perturbados por lo que el suelo, bajo condiciones de cultivo convencionales, es una fuente de CO_2 para la atmósfera (Martínez et al., 2008).

El CO favorece la agregación del suelo y consecuentemente interviene en la distribución del espacio poroso del suelo, afectando diversas propiedades físicas, como humedad aprovechable, capacidad de aire y movimiento de agua y gases en el suelo. Además debido a su diversa naturaleza química, interviene en las propiedades químicas del suelo, aumenta la CIC y la capacidad tampón sobre la reacción del suelo (pH). El CO del suelo interviene en las propiedades biológicas, básicamente actuando como fuente energética para los organismos heterótrofos del suelo.

El CO a través de los efectos en las propiedades físicas, químicas y biológicas del suelo ha resultado ser el principal determinante de su productividad (Martínez et al., 2008).

4.5. Efecto del petróleo en la materia orgánica y carbono orgánico del suelo

La MOS en suelo impactado por la contaminación con petróleo en zonas petroleras del sureste de México es alterada de manera significativa (Beltrán-paz y vela – correa, 2010). En el Cuadro 4 se observa que distintos investigadores reportan que el petróleo induce el aumento de los contenidos de MOS en el suelo respecto a un suelo sin impacto petrolero. Al respecto Trujillo-Narcía et al. (2012) indican que un suelo contaminado con 21,699 – 29,871 mg kg^{-1} de HTP, la MOS aumenta hasta cuatro veces con respecto al suelo sin petróleo. De igual manera Martínez y López (2001), Rivera-Cruz et al. (2002) y Hernández-Natarén (2005) reportan aumento de 3.6, 2.5 y 2.15 veces en dosis de 100-150,000; 115,211 mg kg^{-1} y 50,000-78,000 con respecto a suelos sin contaminación.

Cuadro 4.   Efecto del petróleo en los contenidos de materia orgánica del suelo

Hidrocarburos totales del petróleo (mg kg^{-1} base seca)	Aumento[†]	Fuente
100 - 150,000	3.6	Martínez y López, 2001.
115,211	2.1	Rivera-Cruz et al., 2002.
50,000 - 78,000	2.5	Hernández-Nataren, 2005.
21,699 – 29,871	4	Trujillo-Narcía et al., 2012.

[†]Obtenido de la relación de la concentración de HTP en suelo contaminado y testigo. Cuadro elaborado por el autor, tomando como referencia los contenidos menores de HTP respecto a los mayores que indican los autores.

El carbono orgánico del suelo (CO) también es modificado por la presencia del petróleo. Al respecto Gonzales-Moscoso *et al.* (2012) mencionan que en dosis de 25,0000-90,000 mg kg^{-1} de HTP el COS aumenta proporcionalmente a la concentración de petróleo en el suelo. Por otra parte Dorantes (2010) reporta un aumento de CO de 11.49% en dosis de 25,000 mg kg^{-1} de HTP. De igual manera reporta variaciones relacionas con la concentración de HTP y las épocas del año. Esta variación posiblemente se deba a lo mencionado por Calva-Benítez *et al.* (2006) que el aporte carbono orgánico proviene de fuentes tanto autóctonas como alóctonas (descargas fluviales).

4.6. Efecto del petróleo en la humedad del suelo

La humedad del suelo capacidad de campo (HCC) en suelos contaminados con petróleo presenta alteraciones significativas. En el Cuadro 5 se observa que cuatro investigadores coinciden en que la humedad del suelo es alterada en gran medida por la presencia del petróleo. En este sentido Trujillo-Narcía *et al.* (2012) reportan que en dosis de 21,699 - 29,871mg kg^{-1} de HTP el porcentaje de humedad disminuye hasta 42.76% con respecto a suelo testigo. Rivera-Cruz *et al.* (2002) indica que en suelos con 155,211 mg kg^{-1} la HCC aumentó 109% con respecto a suelos si influencia petrolera; López (2010) reporta una disminución en la capacidad de campo en dosis de 45,000 - 56,886 mg kg^{-1} de hasta 43.47%. Por último Dorantes (2008) encontró que en suelos con dosis de 50,000 - 100,000 mg kg^{-1} la HCC disminuyó hasta 52.62% con respecto al suelo testigo.

4.7. Densidad aparente en un suelo con petróleo

La densidad aparente del suelo (Dap) es modificada por la presencia del petróleo. El Cuadro 5 muestra diferentes investigaciones realizadas por algunos autores. Trujillo-Narcía *et al.* (2012) encontró que la Dap aumenta 1.64 veces en suelos con dosis de 20,000 - 40,000 mg kg^{-1} de HTP respecto al suelo testigo. Al respecto Martínez y López (2001) indican que en dosis de 100 - 150,000 mg kg^{-1} de diesel, la Dap presenta disminución poco significativas de 0.92 veces con respecto a suelos sin contaminación.

Beltrán-Paz y Vela-Correa (1993) reportan disminución de la densidad aparente de 0.76 veces en suelos con dosis 8.27-9,691 mg kg^{-1}de HTP con respecto a suelos de menor contaminación.

Cuadro 5. Efecto del petróleo en el contenido de humedad a capacidad de campo.

Hidrocarburos totales del petróleo	Aumento[†]	Disminución[†]	Fuente
(mg kg^{-1} base seca)		%	
21699-29871		42.76	Trujillo-Narcía et al. 2012.
115,211	109		Rivera-Cruz et al., 2002.
50,000-100,000		52.62	Dorantes, 2008.
45,000-56,886		43.47	López, 2010.

[†]Obtenido de la relación de la concentración de HTP en suelo contaminado y testigo. Cuadro elaborado por el autor, tomando como referencia los contenidos menores de HTP y HCC respecto a los mayores que indican los autores.

Cuadro 6. Efecto del petróleo en la densidad aparente del suelo.

Hidrocarburos totales del petróleo	Aumento	Disminución	Fuente
(mg kg^{-1} base seca)	(g cm^{-3})		
20,000 - 40,000	1.68		Trujillo-Narcía et al., 2012.
100 - 150,000		0.92	Martínez y López, 2001.
827 - 9,691		0.76	Beltrán-Paz y Vela-Correa, 1993.

[†]Obtenido de la relación de la concentración de HTP en suelo contaminado y testigo. Cuadro elaborado por el autor, tomando como referencia los contenidos menores de HTP y Dap respecto a los mayores que indican los autores.

V. MATERIALES Y MÉTODOS

La presente investigación se realizó en dos etapas (campo y laboratorio) y en cinco fases sucesivas. Fase 1. Colecta de suelos, Fase 2. Procesamiento de suelo, Fase 3. Análisis físico y químico en laboratorio, Fase 4. Análisis estadísticas y Fase 5. Escritura de tesis (Figura 6).

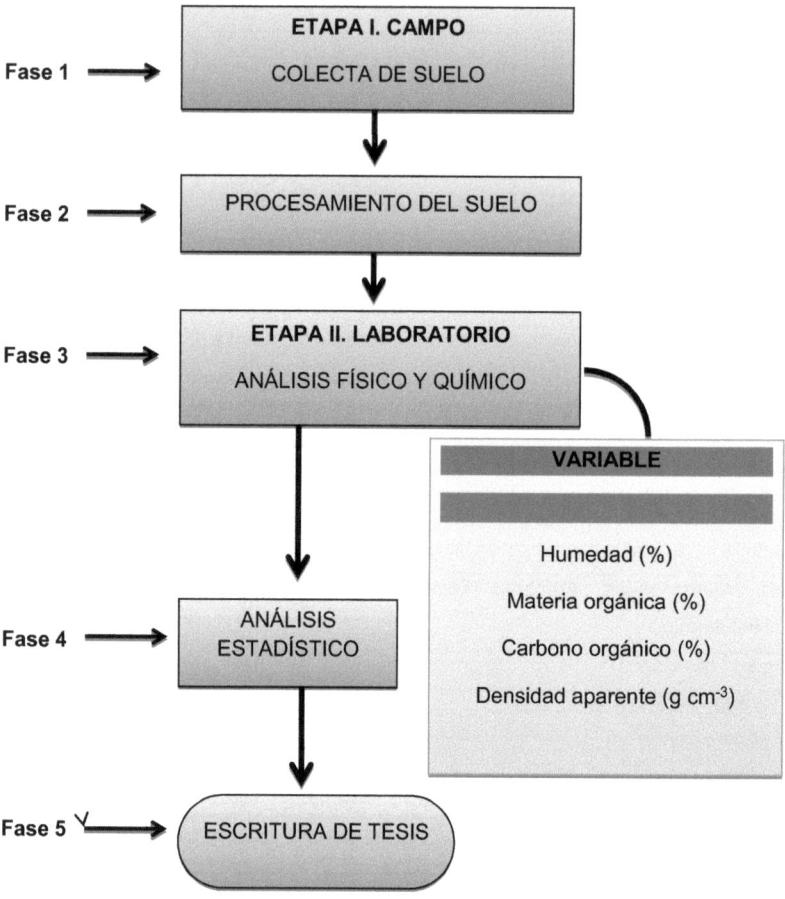

Figura 6. Flujograma del proceso de investigación.

5.1. Etapa I. Campo

Los materiales que se utilizaron en campo son los siguientes: bolsas de polietileno, cinta maskin, cinta métrica de 30m de longitud, cinta canela, plumones, estacas (balizas), desengrasante, esponja, lima, machete, pala recta, barrena (núcleo abierto), equipo de GPS, hielera, hielo y guantes de látex.

5.2. Ubicación del sitio de muestreo

La presente investigación se realizó en el ejido José Narciso Rovirosa, municipio de Huimanguillo, Tabasco (Figura 7). La superficie estudiada consta de seis hectáreas, ubicadas en las coordenadas geográficas 18° 04' 37" Latitud N y 94° 02' 28" Longitud O.

Figura 7. Ubicación geográfica del sitio de muestreo.

En la Figura 8 se observa a) la visita del grupo de trabajo en el sitio de muestreo, b) reconocimiento del area de muestreo, c) suelo contaminado con hidrocarburos del petróleo derivado de ruptura de ductos que conducen petróleo crudo de los pozos a las baterias y petroquimica, y d) presencia de ductos en el sitio de muestreo.

Figura 8.   Sitio de estudio. a) Llegada al sitio de muestreo, b) reconocimiento del area de muestreo, c) suelo contaminado con hidrocarburos y d) presencia de ductos en el sitio de muestreo.

5.2.1. Selección de los puntos de muestreo

La selección de los puntos de muestreo en el sitio experimental se realizó de acuerdo con la metodología aplicada por Carranza (2011), en la cual se delimitaron 24 puntos de muestreo (Figura 9), de los cuales se colectaron dos muestras de diferentes capas según la profundidad. En la Figura 9 se observa la delimitación y balizado de puntos de muestreo.

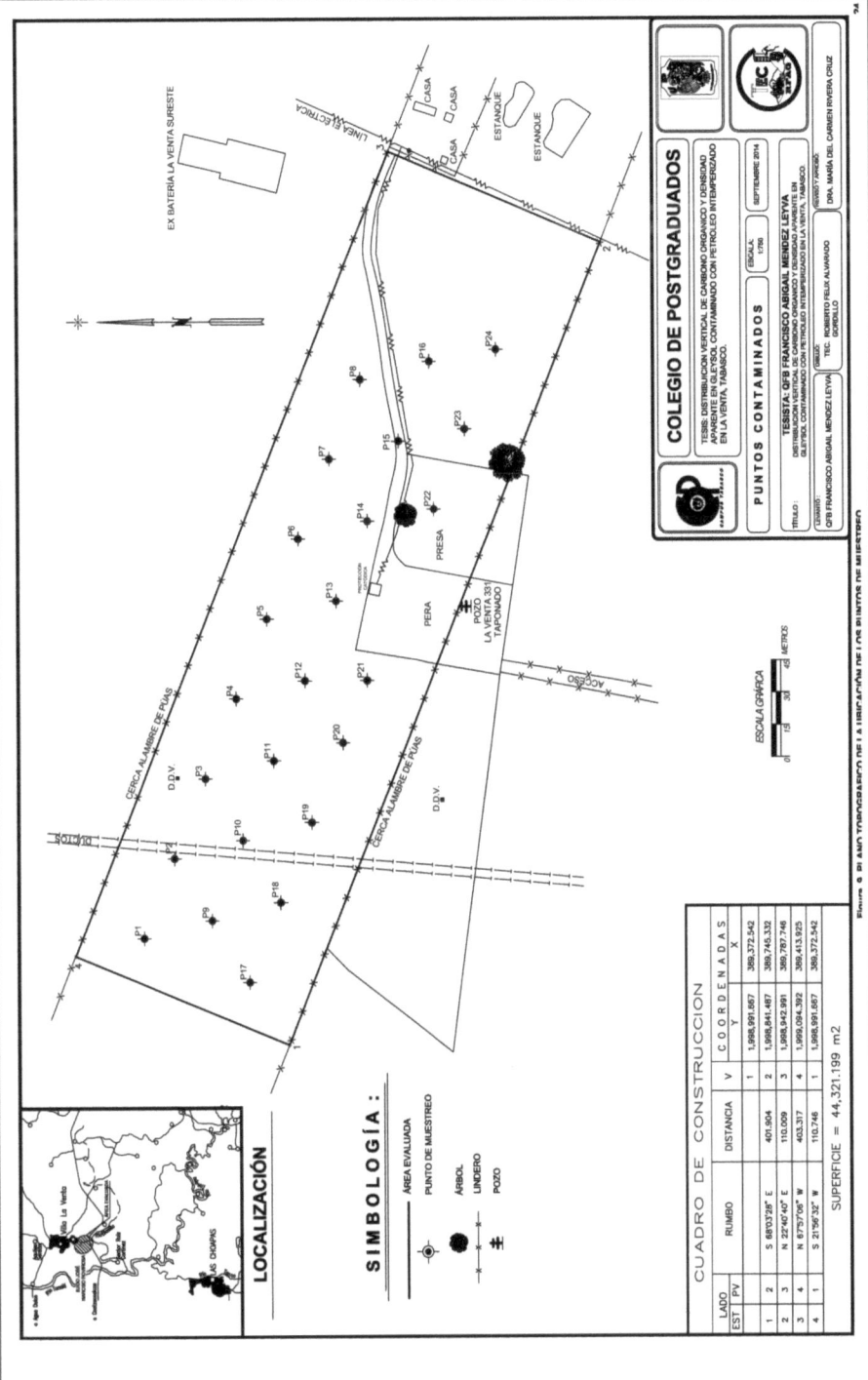

COLEGIO DE POSTGRADUADOS

TESIS: DISTRIBUCIÓN VERTICAL DE CARBONO ORGÁNICO Y DENSIDAD
APARENTE EN GLEYSOL CONTAMINADO CON PETRÓLEO INTEMPERIZADO
EN LA VENTA, TABASCO.

PUNTOS CONTAMINADOS

TESISTA: QFB FRANCISCO ABIGAIL MENDEZ LEYVA

	ESCALA	
	1/700	SEPTIEMBRE 2014

TÍTULO:
DISTRIBUCIÓN VERTICAL DE CARBONO ORGÁNICO Y DENSIDAD APARENTE EN
GLEYSOL CONTAMINADO CON PETRÓLEO INTEMPERIZADO EN LA VENTA, TABASCO.

DIBUJÓ:
QFB FRANCISCO ABIGAIL MENDEZ LEYVA

ASESORÓ: ROBERTO FÉLIX ALVARADO
GORDILLO

REVISÓ: ASESÓ Y APROBÓ:
DRA. MARÍA DEL CARMEN RIVERA CRUZ

LOCALIZACIÓN

Villa La Venta

LAS CHOAPAS

SIMBOLOGÍA :

AREA EVALUADA

PUNTO DE MUESTREO

ARBOL

LINDERO

POZO

EX BATERÍA LA VENTA SURESTE

LÍNEA ELÉCTRICA

CASA
CASA
CASA
ESTANQUE
ESTANQUE

CERCA ALAMBRE DE PÚAS

CERCA ALAMBRE DE PÚAS

D.D.V.

D.D.V.

PRESA
PERA
PENA
POZO
LA VENTA 335
TAPONADO

ACCESO

ESCALA GRÁFICA

0   15   30   45 METROS

CUADRO DE CONSTRUCCIÓN

LADO			DISTANCIA		COORDENADAS	
EST	PV	RUMBO		V	Y	X
					COORDENADAS	
1	2	S 68°03'28" E	401.904	1	1,998,991.667	369,372.542
2	3	S 22°40'40" E	110.009	2	1,998,841.487	369,745.332
3	4	N 67°57'06" W	403.317	3	1,998,942.991	369,787.746
4	1	S 21°56'32" W	110.746	4	1,999,094.392	369,413.925
				1	1,998,991.667	369,372.542

SUPERFICIE = 44,321.199 m2

Figura 8. PLANO TOPOGRÁFICO DE LA UBICACIÓN DE LOS PUNTOS DE MUESTREO

Figura 10.   Delimitación del sitio de muestreo. a) Identificación de los
puntos de muestro y b) balizado de los puntos de muestreo.

5.2.2. Delimitación de áreas de muestreo

La delimitación de áreas de muestreo dentro del sitio experimental para los
parámetros físicos y químicos evaluados en esta investigación se realizó en
gabinete, tomando como referencia los contenidos de hidrocarburos totales del
petróleo por capas. Los Cuadros 7 y 8 muestran los rangos de hidrocarburos totales
del petróleo, utilizados para delimitar las áreas de muestreo en las capas 1 y 2. En el
Cuadro 7 y Figura 11, se observan cuatro áreas de muestreo delimitadas en la capa
1. El área 1 presenta un rango de 3,000 - 15,000 mg kg^{-1} de HTP, conformada por
los puntos de muestreo P2C1, P3C1, P5C1, P6C1, P8C1, P10C1, P11C1, P12C1,
P13C1, P14C1, P15C1, P16C1, P17C1, P19C1, P20C1, P23C1 y P24C1. El área 2
con un rango de 15,001 - 30,000 mg kg^{-1}; conformada por los puntos de muestreo
P7C1 y P9C1. El área 3 con rango de 30,001 - 45,000 mg kg^{-1}, conformadas por los
puntos de muestreo P1C1, P21C1 y P4C1. El área 4 de rango >45,001 mg kg^{-1};
conformada por los puntos de muestreo P22C1 y P18C1.

El Cuadro 8 y la Figura 12 presentan cuatro áreas de muestreo delimitadas en la capa 2. El área 1 con un rango de 3,000-15,000 mgkg⁻¹ de HTP, conformada por los puntos de muestreo P1C2, P3C2, P6C2, P8C2, P13C2, P14C2, P24C2 y P21C2. El área de con rango de 15,001-30,000 mgkg⁻¹; conformada por los puntos de muestreo P4C2, P5C2, P7C2, P9C2, P10C2, P11C2, P15C2, P16C2, P17C2, P18C2, P20C2 y P22C2. El área 3 en un rango de 30,001-45,000 mgkg⁻¹; conformada por los puntos de muestreo P12C2 y P2C2. El área 4 con rango >45,001 mg kg⁻¹, conformada por los puntos de muestreo P23C2 y P19C2.

Cuadro 7. Delimitación de las áreas de muestreo en la capa 1.

Áreas	Rango (HTP mgkg⁻¹)	Puntos de muestreo capa 1(0-0.50m)
1	3,000-15,000	P2C1, P3C1, P5C1, P6C1, P8C1, P10C1, P11C1, P12C1, P13C1, P14C1, P15C1, P16C1, P17C1, P19C1, P20C1, P23C1, P24C1.
2	15,001-30,000	P7C1, P9C1.
3	30,001-45,000	P1C1, P21C1, P4C1.
4	>45,001	P22C1, P18C1.

Cuadro 8. Delimitación de las áreas de muestreo en la capa 2.

Áreas	Rango (HTP mg kg^{-1})	Puntos de muestreo capa 2 (0.50-1.0m)
1	3,000-15,000	P1C2, P3C2, P6C2, P8C2, P13C2, P14C2, P24C2, P21C2.
2	15,001-30,000	P4C2, P5C2, P7C2, P9C2, P10C2, P11C2, P15C2, P16C2, P17C2, P18C2, P20C2, P22C2.
3	30,001-45,00	P12C2, P2C2.
4	>45,001	P23C2, P19C2.

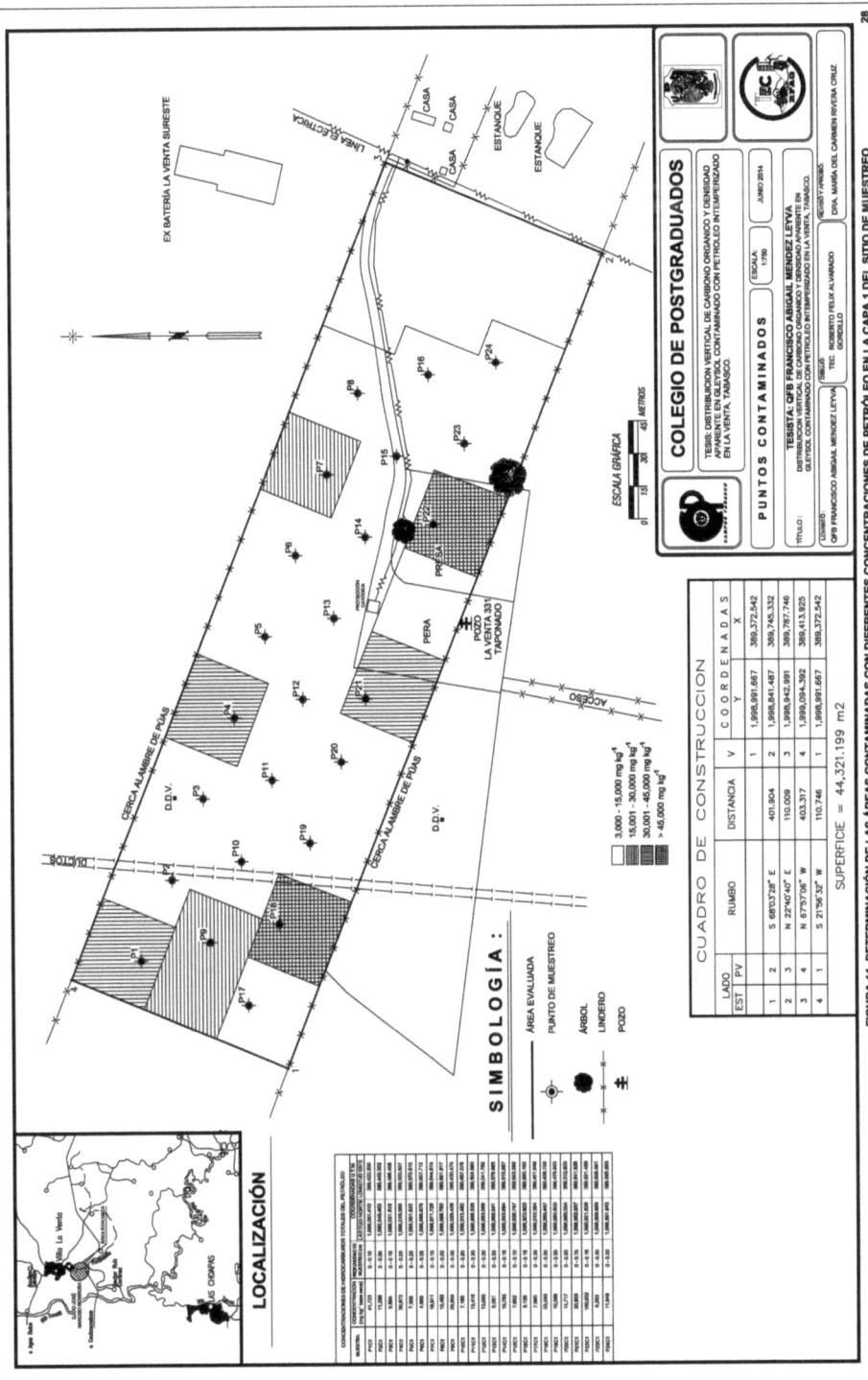

FIGURA 11 DETERMINACIÓN DE LAS ÁREAS CONTAMINADAS CON DIFERENTES CONCENTRACIONES DE PETRÓLEO EN LA CAPA 1 DEL SITIO DE MUESTREO

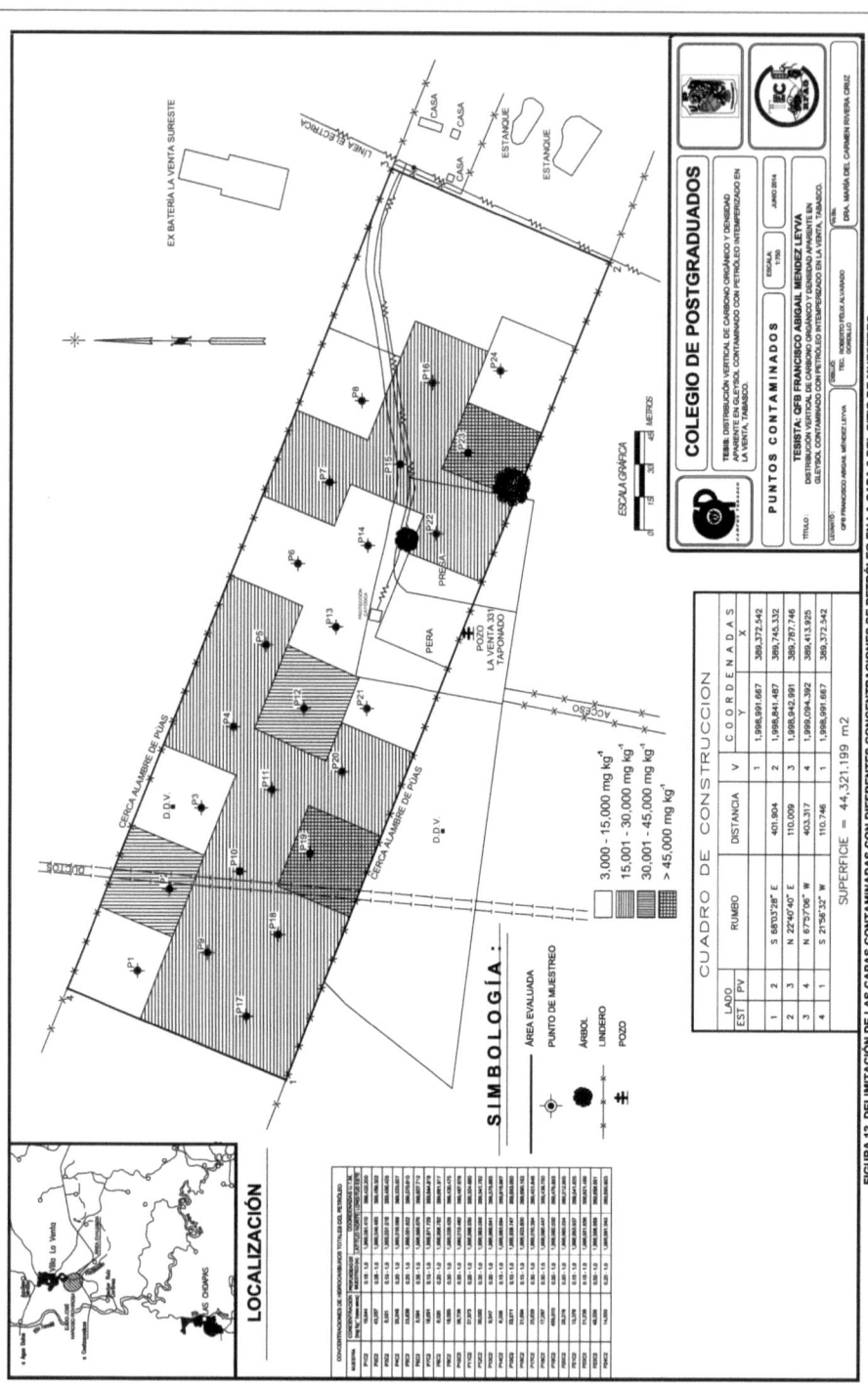

FIGURA 12 DELIMITACIÓN DE LAS CAPAS CONTAMINADAS CON DIFERENTES CONCENTRACIONES DE PETRÓLEO EN LA CAPA 2 DEL SITIO DE MUESTREO

5.2.3. Colecta de muestra

En cada uno de los 24 puntos ubicados previamente en el sitio, se barreno el suelo en dos capas (capa 1: 0-0.50 m de profundidad y en la capa 2: 0.50-1.0 m), se tomaron aproximadamente 50 g de suelo por capa (Figura 13a, c), derivado de suelo previamente homogenizado en una cubeta (Figura 13b). Se realizó la caracterización organoléptica (olor de petróleo y color) y también el tipo de vegetación presente en cada punto de muestreo.

Figura 13. Colecta de la muestra. a) Barrenado del suelo y caracterización de la punto de muestreo, b) homogenización de la muestra, y c) Gleysol contaminado.

5.2.4. Manejo y preservación de las muestras en campo

Las muestras se introdujeron en bolsas de polietileno, se rotularon con plumones indelebles y se identificaron mediante una clave para cada una de ellas, posteriormente se depositaron en una hielera para mantenerlas a 4°C aproximadamente. Las muestras fueron trasladadas al Laboratorio de Microbiología Ambiental del *Campus* Tabasco, Colegio de Postgraduados. En las Figuras 14a y 14b se observa la forma en que en que se colectó la muestra en campo y en la Figura 14c un grupo de muestras de suelos, previo a su preservación a 4°C en el laboratorio.

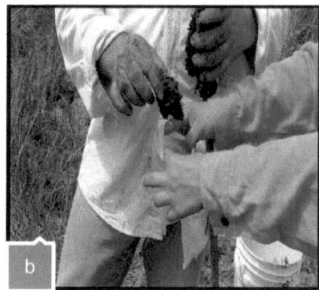

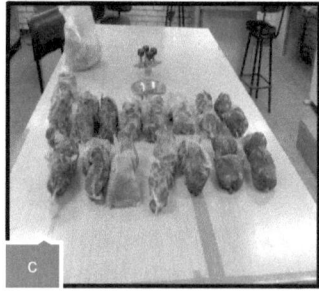

Figura 14. Preservación de las muestras. a) Selección de la muestra, b) conservación de la muestra, y c) muestras en laboratorio.

5.3. Fase 2 trabajo de laboratorio

Los materiales que se utilizaron en el laboratorio son agua destilada, balanza analítica y semi-analítica, crisoles, cajas de vidrio, espátula, escobillón, vasos de precipitado, pizeta, probeta, pinzas, parafina, hilo de seda, tijeras, desecador, tamiz de malla (no. 60), mortero, pistilo, guantes, cubre boca, horno de secado y mufla.

5.3.1. Determinación de la humedad del suelo

La determinación de la humedad del suelo se realizó de acuerdo con el análisis gravimétrico establecido en la técnica de Karla y Maynard (1991) (Figura 15). Los pasos secuenciales de esta técnica son: a) determinar el peso inicial de suelo húmedo. Se pesó la caja Petri sin suelo (se anotó el peso), posteriormente, se pesó 10 g de suelo en la caja Petri previamente destarada (Figura 15a). b) secado de la muestra. Las cajas Petri con las muestras de suelo se introdujeron en el horno a 105°C durante 48 h (Figura 15b). c) Peso final. El peso final de la muestra se evaluó en balanza semianalitica (Figura 15c). d) Se anotaron los datos en bitácora (Figura 15d) y se determinó el porcentaje de humedad mediante la fórmula siguiente.

Humedad (%)= PSH-(PSS-PC) / PSH * 100

Dónde:

PSH: peso del suelo húmedo

PSS: peso del suelo seco

PC: peso de caja Petri

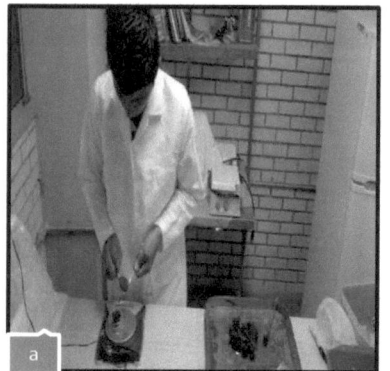

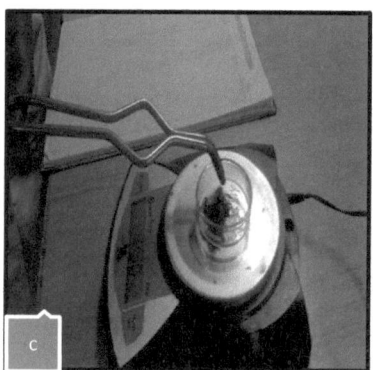
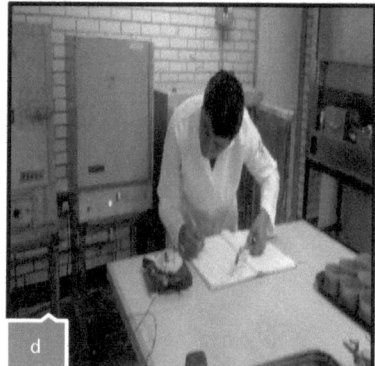

Figura 15. Procedimiento para la determinación de la humedad. a) Peso inicial,
b) muestras en horno de secado, c) peso final, y d) anotaciones en
bitácora de laboratorio

5.3.2. Determinación de la densidad aparente

La densidad aparente se evaluó conforme al método del terrón parafinado, establecido en la NOM-021-RECNAT-2000 (DOF, 2002).

5.3.2.1. Selección y secado de terrones

En la Figura 16 se observa la selección de tres terrones por cada punto de muestreo, aproximadamente 2cm de diámetro. Posterior a su selección se depositaron en cajas de vidrio, las cuales se rotularon y se sometieron en horno de secado a 105°C durante 48 h, con el objetivo de eliminar la humedad.

Figura 16. Selección y secado de terrones.

5.3.2.2. Peso de los terrones

Después de haber eliminado el excedente de humedad en los terrones, estos se pesaron en balanza semianalitica y se anotó su peso en bitácora el cual servirá para determinar la densidad aparente.

5.3.2.3. Parafinado de los terrones

En la Figura 14 se observa el proceso de parafinado de los terrones. La Figura 17a muestra la manera adecuada para asegurar los terrones, mediante el uso de hilo de seda. En la Figura 17b se observa la parafina líquida a punto de fusión (6°C). En las Figura 17c y 17d se observa el procedimiento de inmersión de los terrones, en donde cada terrón debe permanecer durante un tiempo adecuado dentro de la parafina, hasta asegurarse de obtener una capa delgada y uniforme.

Figura 17. Proceso de parafinado de los terrones. a) Terrones previamente asegurados con hilo, b) parafina a 60°C, c) inmersión de la muestra, y d) terrón inmerso hasta obtener capa fina y delgada.

5.3.2.4. Determinación del volumen de desplazamiento

La figura 18 describe el proceso para conocer el volumen de desplazamiento de agua de cada terrón. Se utilizaron vasos de vidrio con 300 mL de agua, los cuales se depositaron dentro de vasos de precipitado (Figura 18a). Para asegurar que la cantidad de agua en los vasos de vidrio se mantuviera dentro un mismo rango de se buscó lo que en laboratorio se conoce como punto menisco (Figura 18b). Posteriormente se tomaron los terrones y se sumergieron en los vasos con agua (Figura 18c). El agua derramada en los vasos de precipitado se recolecto y se midió en probeta volumétrica (Figuras 18d y 18e). A través de esta manera se obtuvo el volumen de desplazamiento de cada terrón.

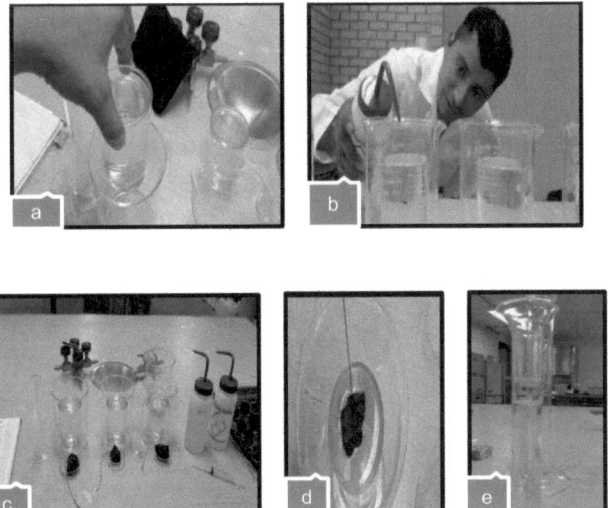

Figura 18.   Proceso para obtener el volumen de agua desplazada. a) Inmersión de vasos con agua a vasos de precipitado, b) búsqueda del punto menisco, c) inmersión del terrón en agua, y d),e) conteo del volumen de agua desplazada por el terrón.

5.3.2.5. Fórmula para determinar la densidad aparente del suelo

La Dap del suelo se determinó mediante la siguiente fórmula:

Dap= M/V

Dónde:

Dap= densidad aparente

M= masa

V= volumen

5.4. Determinación de la materia orgánica y carbono orgánico

La MOS se cuantifico por el método gravimétrico de acuerdo con la metodología establecida por Nelson y Sommers (1982).

5.4.1. Secado del suelo

Se secó el suelo al ambiente durante cinco días con el objetivo de eliminar el excedente de agua.

5.4.2. Triturado del suelo

Previo a la trituración del suelo se organizó e identifico cada muestra de suelo (Figura 19a). Posteriormente se trituro con un mazo de metal los agregados de mayor volumen, se depositó el suelo en mortero de porcelana para su trituración final (Figura 19b).

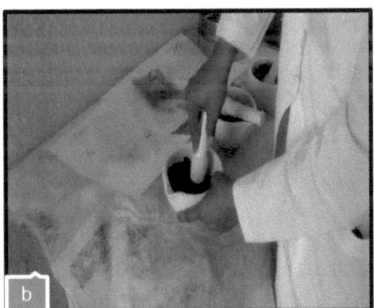

Figura 19.   Triturado del suelo. a) Organización de las muestras previas a triturar
y b) triturado en mortero.

5.4.3. Tamizado del suelo

La Figura 20 describe el proceso para tamizar las muestras de suelo, el cual se
realizó de la siguiente manera: Se separó el excedente de restos vegetales en las
muestras (Figuras 20a y 20b). Se tamizó el suelo en tamiz de malla no. 60 (2mm)
(Figura 20c y 20d) y se conservaron en bolsas de polietileno para protegerlas de la
humedad del ambiente.

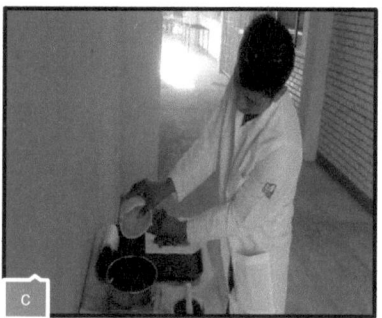

Figura 20.   Tamizado del suelo. a), b) Separación de residuos de hojarasca, c) traslado del mortero al tamiz y d) suelo tamizado a 2mm.

5.4.4. Calibración del peso de crisoles

Se introdujeron crisoles en horno de secado a 105 °C durante tres h, se pesaron en balanza analítica (se anotó el peso), con esto se obtuvo el peso constante (Figura 21).

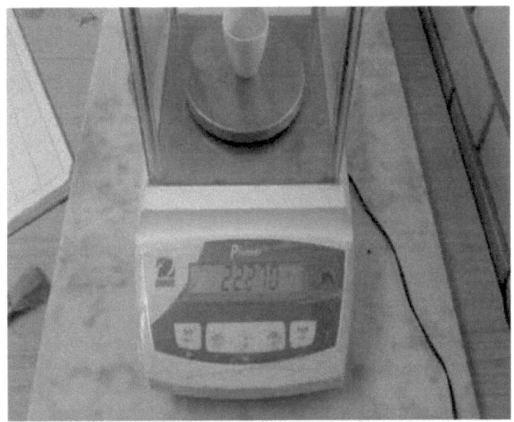

Figura 21. Calibración de crisoles.

5.4.5. Peso inicial de la muestra

Se identificó cada crisol para identificar cada muestra calcinada (Figura 22a). Se pesó 10 g de suelo seco en un crisol dentro de la balanza analítica (Figura 22b), se organizaron las muestras en lotes (Figura 22c) y se anotó el peso en bitácora de laboratorio.

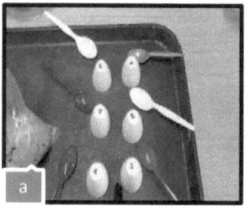 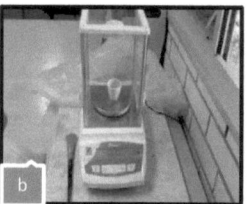 

Figura 22.   Peso inicial de la muestra. a) Rotulacion de crisoles, b) peso de la
muestra y c) lote de muestras pesadas.

5.4.6. Calcinación del suelo

Se introdujeron las muestras en una mufla de marca Novatech (Figura 23a), se
calibró la temperatura a 375°Cdurante 24 h (Figura 23b), en las primeras horas del
proceso de calcinación se observó y percibió humo y fuerte olor a petróleo, lo cual se
define como indicador de contaminación (Figura 23c).

 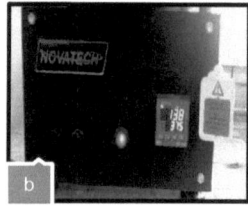 

Figura 23.   Calcinación del suelo. a) Introducción de crisoles a la mufla, b)
calibración de la temperatura de la mufla a 375°C, y c) presencia de
humo como indicador de alto contenido de materia orgánica.

5.4.7. Peso final de la muestra

Se retiró las muestras de la mufla (Figura 24a), se introdujeron en un desecador durante 30 min (Figura 24b), se pesó en balanza analítica y se anotó el peso (Figura 24c).

5.4.8. Cálculos matemáticos para determinar el porcentaje de MOS y COS en las muestras de suelo

La materia orgánica se determinó mediante la siguiente fórmula:

$$MOS = PSS-PSC/PSS *100$$

Donde:

MOS: materia orgánica

PSS: peso de suelo seco.

PSC: peso del suelo calcinado.

La determinación del porcentaje de COS se realizó de acuerdo a lo que indica Nelson y Sommers (1982), se dividió la materia orgánica entre un factor de conversión de 1.72, basado en la suposición que la MOS contiene el 58% del carbono orgánico.

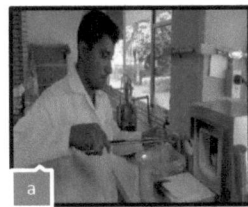 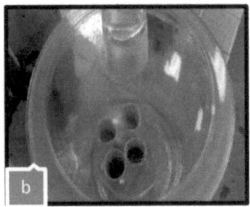 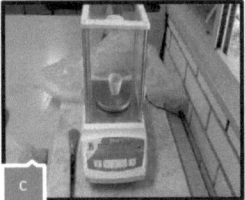

Figura 24.   Peso final de las muestras. a) Retirado de crisoles después de 24 horas, b) crisoles reposando en desecador, y c) peso final.

VI. RESULTADOS Y DISCUSIÓN

6.1. Humedad del suelo

La humedad del suelo muestra diferencias evidentes en las cuatro áreas delimitadas por la cantidad de los HTP. Las cantidades de la capa 1 variaron de 16.28% en el P24 a 60.62% en el P19, en la capa 2 los valores fueron 18.82% en el P23 y el mayor valor fue 55.99% en el P19 (Figura 25). Espacialmente el gradiente de la humedad del suelo muestra asociación con la mayor cantidad de vegetación y de mayor profundidad del agua. Así puede verse (Figura 9) que la menor humedad se localizó en la sección este, en particular en los P16, P23 y P24, donde el suelo es arcilloso y con poca materia orgánica. En contraste, la mayor humedad se cuantificó en las muestras colectadas en puntos denominados P4, P12 y P19, localizadas en la parte central del terreno estudiado, que puede estar asociado cantidades $\leq$ 15,000 mg kg^{-1} de HTP (Figuras 11 y 12).

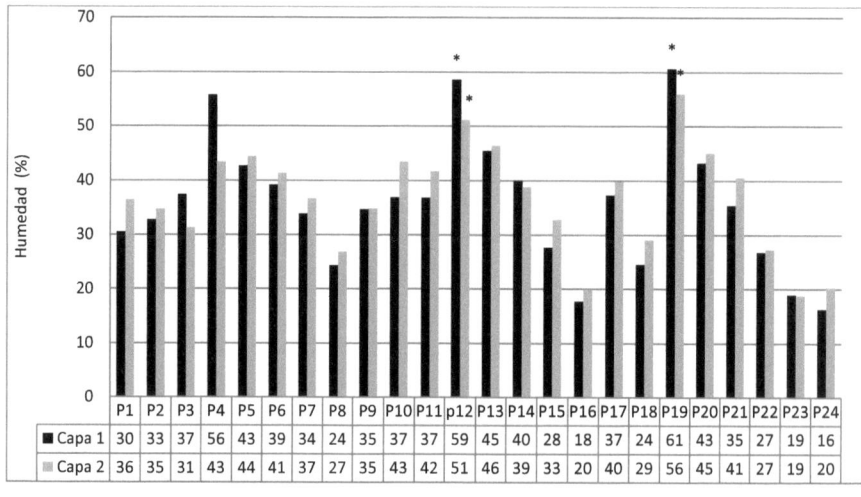

Figura 25. Distribución vertical de la humedad del suelo

6.1.1. Área con rango de 3,000 a 15,000 miligramos de petróleo en el suelo

La humedad del suelo en los puntos de muestreo hasta con 15,000 mg de HTP en el suelo, distribuidos en 17 puntos (Figura 11), muestra que se encuentran principalmente en la sección central-longitudinal del terreno estudiado. Los valores fluctuaron en la capa 1 de 16.28% en el P24 y el valor máximo fue 60.62% en el P19 (Cuadro 9, Figura 11). El incremento de la cantidad de humedad se asoció directamente proporcional con el aumento de la materia orgánica, donde existe 4.3 veces más materia orgánica.

Los resultados de la humedad de la capa 2 evidencian también un rango que varía de 18.82% en P23 y el valor mayor es 55.99% en el P19 (Cuadro 9, Figura 12). La tendencia de los contenidos de la humedad en la capa 2 guarda relación directa con la cantidad de la capa superior de suelo. Los datos de la humedad de la capa 2 del suelo (Cuadro 9, Figura 12) muestran una tendencia similar a la de la capa 1, lo cual sugiere a que es causado por la presencia estacional de agua, o permanente como son las áreas inundables.

6.1.2. Área con rango de 15,001 a 30,000 miligramos de petróleo en suelo

La humedad del suelo en los puntos de muestreo P7 y P9, ubicados dispersamente en extremos opuestos del sitio de estudio (Figura 9) hasta con 30,000 mg de HTP, muestran valores de humedad en la capa superficial de hasta 33.83% en el P7 y de 34.68% en el P9 (Cuadro10, Figura 11). La humedad entre los dos puntos de muestreo presentó valores similares, estadísticamente significativos asociados al contenido de materia orgánica donde se presentó una diferencia de 1.1 veces más entre los dos puntos de muestreo.

Cuadro 9. Propiedades físico-químicas del área 1 con 3,000-15000 miligramos de hidrocarburos totales del petróleo.

Punto de muestreo	Humedad (%)	Densidad aparente (g mL^{-3})	Materia orgánica (%)	Carbono orgánico (%)
P2C1	32.74±1.35ij*	1.1549±0.11def	14.59	8.483
P2C2	34.72±3.60ghi	1.4849±0.44abcdef	4.35	2.529
P3C1	37.38±1.08efg	1.3389±0.48abcdef	18.08	10.511
P3C2	31.31±5.57hij	1.5893±0.16abc	6.33	3.680
P5C1	42.62±0.57cd	1.2405±0.17bcdef	7.94	4.616
P5C2	44.41±0.26cde	1.3918±0.09bcdef	11.65	6.773
P6C1	39.13±0.56ef	1.3601±0.10abcdef	11.79	6.897
P6C2	41.31±0.41cdef	1.3801±0.07bcdef	10.32	6.00
P8C1	24.27±0.52m	1.4653±0.09abcdef	6.88	4.00
P8C2	26.83±1.06j	1.5305±0.04abcd	5.72	3.326
P10C1	36.87±0.50fg	1.1919±0.11cdef	18.61	10.24
P10C2	43.45±0.86cde	1.3954±0.03bcdef	10.75	6.255
P11C1	36.81±0.51fgh	1.2049±0.15cdef	15.35	8.929
P11C2	41.74±1.01cdef	1.3978±0.04bcdef	18.03	10.483
P12C1	58.54±0.08ab	1.223 ±0.08bcde	15.10	8.784
P12C2	51.15±0.64ab	1.3138±0.09cdef	13.30	7.773
P13C1	45.39±0.44c	1.3363±0.04abcdef	13.12	7.628
P13C2	46.42±0.30bc	1.3968±0.08bcdef	10.03	5.837
P14C1	39.91±0.79de	1.3819±0.15bcdef	12.26	7.133
P14C2	38.83±0.14efg	1.4744±0.06abcdef	10.51	6.110
P15C1	27.58±0.64kl	1.5627±0.08ab	6.64	3.860
P15C2	32.77±0.25hij	1.6539±0.09ab	5.18	3.017
P16C1	18.66±0.12n	1.3378±0.05abcdef	11.19	6.511
P16C2	19.91±0.62k	1.5200±0.09abcd	6.95	4.045
P17C1	37.27±0.72efg	1.2698±0.03abcdef	15.66	9.110
P17C2	39.84±0.41defg	1.4397±0.05bcdef	10.60	6.168
P19C1	60.62±0.30a	1.0379±0.04f	31.32	18.209
P19C2	55.99±3.43a	1.2185±0.17def	28.72	16.702
P20C1	43.16±0.61c	1.1671±0.13cdef	21.63	12.580
P20C2	45.04±4.84cd	1.1663±0.11f	25.53	14.843
P23C1	18.4 ±2.13n	1.4290±0.15abcd	28.79	16.738
P23C2	18.82±0.33k	1.6347±0.13ab	3.66	2.134
P24C1	16.28±0.30n	1.5918±0.07a	7.27	4.232
P24C2	20.24±0.48k	1.7747±0.10a	1.70	0.994

*Medias con letras diferentes dentro de cada columna tienen diferencias estadísticas significativas (Tukey, p≤0.05, a>b, n=3).

Cuadro 10. Propiedades físico-químicas del área 2 con 15,001-30,000 miligramos de hidrocarburos totales del petróleo.

Punto de muestreo	Humedad (%)	Densidad aparente (g mL^{-1})	Materia orgánica (%)	Carbono orgánico (%)
P7C1	33.83±1.24hi*	1.2281±0.09bcdef	12.77	7.424
P7C2	36.68±0.17fgh	1.4420±0.11bcdef	5.56	3.223
P9C1	34.68±1.58ghi	1.2283±0.17bcdef	11.16	6.494
P9C2	34.86±0.40ghi	1.4490±0.10bcdef	8.77	5.104

*Medias con letras diferentes dentro de cada columna tienen diferencias estadísticas significativas (Tukey, p≤0.05, a>b, n=3).

6.1.3. Área con rango de 30,001 a 45,000 miligramos de petróleo en suelo

La humedad de suelo en 3 puntos de muestreo con cantidades de hasta 45,000 mg de HTP, muestra que se encuentran ubicados de manera dispersa en extremos norte central (P4), lateral oeste (P9) y sur central (P21) del sitio de estudio (figura 11). Los valores que surgieron en la capa 1 presentaron variaciones de hasta 30.46% en el P1 y 55.72% en el P4 (Cuadro 11), estas variaciones del contenido humedad puede estar relacionada al relieve superficial del terreno, el cual presenta un pequeño cause de agua en la parte central. Por otra parte se encontró asociación directa con el contenido de materia orgánica; hallándose valores de 13.30% en el P1 y 32.56% en el P4 (Cuadro 11), existiendo una diferencia de 2.4 veces más con respecto al punto de menor valor, de lo anterior se puede deducir que a medida que la humedad aumenta; el contenido de materia orgánica se favorece.

6.1.4. Área con rango mayor de 45,000 miligramos de petróleo en suelo

La humedad del suelo con en suelos con valores >45,000 mg de HTP, correspondientes a los puntos de muestreo P18 y P22, ubicados en el extremo longitudinal sur (Cuadro 12, Figura 11), presentaron valores de 24.46% y 26.29% en la capa 1; se observó asociación directamente proporcional con los contenidos de

materia orgánica entre cada punto, fluctuando valores de 11.24% en el P18 y 15.25%
en el P22, por lo cual existe una diferencia de 1.3 veces más entre el punto de menor
contenido.

Cuadro 11.   Propiedades físico-químicas del área 3 con 30,001-45,000 miligramos
de hidrocarburos totales del petróleo.

Punto de muestreo	Humedad (%)	Densidad aparente (g mL⁻³)	Materia orgánica (%)	Carbono orgánico (%)
P1C1	30.46±0.43jk*	1.2121±0.10cdef	13.30	7.773
P1C2	36.44±1.32fgh	1.3491±0.16bcdef	4.47	2.599
P4C1	55.72±2.29b	1.0629±0.04ef	32.56	18.930
P4C2	43.4 ±1.05cde	1.2676±0.03def	13.64	7.930
P21C1	35.33±0.28ghi	1.2995±0.13abcdef	16.00	9.307
P21C2	40.59±0.21cdefg	1.1791±0.03ef	14.41	8.378

*Medias con letras diferentes dentro de cada columna tienen diferencias estadísticas significativas
(Tukey, p≤0.05, a>b, n=3).

Cuadro 12.   Propiedades físico-químicas del área 4 con > 45,000 miligramos de
hidrocarburos totales del petróleo.

Punto de muestreo	Humedad (%)	Densidad aparente (g mL)	Materia orgánica (%)	Carbono orgánico (%)
P18C1	24.46±0.46m*	1.3422±0.02abcdef	11.24	6.535
P18C2	29.07±0.47ij	1.4943±0.12abcde	7.76	4.512
P22C1	26.69±0.35lm	1.4924±0.06abc	15.25	8.871
P22C2	27.31±0.32j	1.5192±0.13abcd	7.40	4.302

*Medias con letras diferentes dentro de cada columna tienen diferencias estadísticas significativas
(Tukey, p≤0.05, a>b, n=3).

6.2. Densidad aparente del suelo

La densidad aparente del suelo tiene diferencias estadísticas (Tukey, $p \leq 0.05$) entre las medias de las 24 muestras de la capa superficial (Figura 11) y también las 24 de la capa subyacente (Figura 12). Los valores de la capa 1 variaron de 1.03 g mL^{-3} en el P19 a 1.59 en P24 (Cuadro 9); en la capa 2 los valores extremos fueron 1.16 en P20 a 1.77 g mL^{-3} en el P24, que es un suelo arcilloso donde el pastoreo de ganado bovino ovino ha originado compactación a través del pisoteo durante cerca de 15 años.

6.2.1. Área con rango de 3,000 a 15,000 miligramos de petróleo en el suelo

La densidad aparente del suelo en los puntos de muestreo hasta con 15,000 mg de HTP, localizados en 17 puntos de muestreo (Cuadro 9, Figura 11), refleja que los valores extremos de la capa 1 variaron de 1.03 a 1.59 mg, además que no existe tendencia clara de que aumente la densidad al incrementarse la profundidad del suelo (Figuras 26-28).

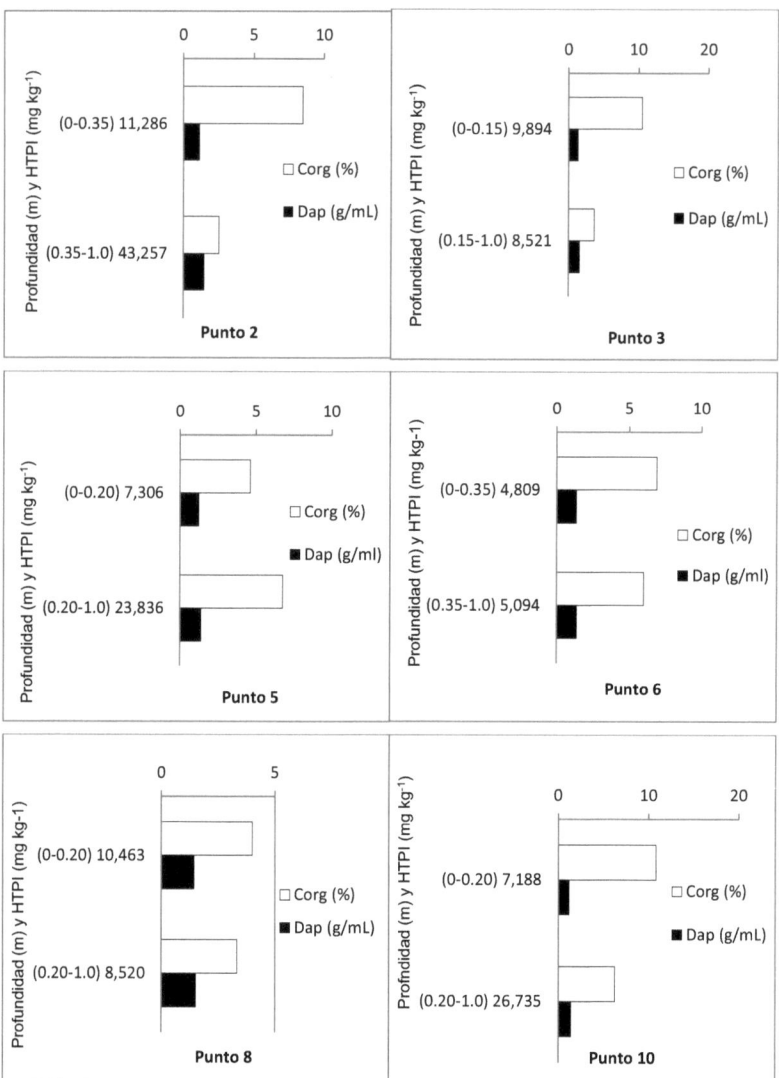

Figura 26.   Distribución vertical de densidad aparente y de carbono orgánico en el área 1 con 3,000-15,000 miligramos de hidrocarburos totales del petróleo.

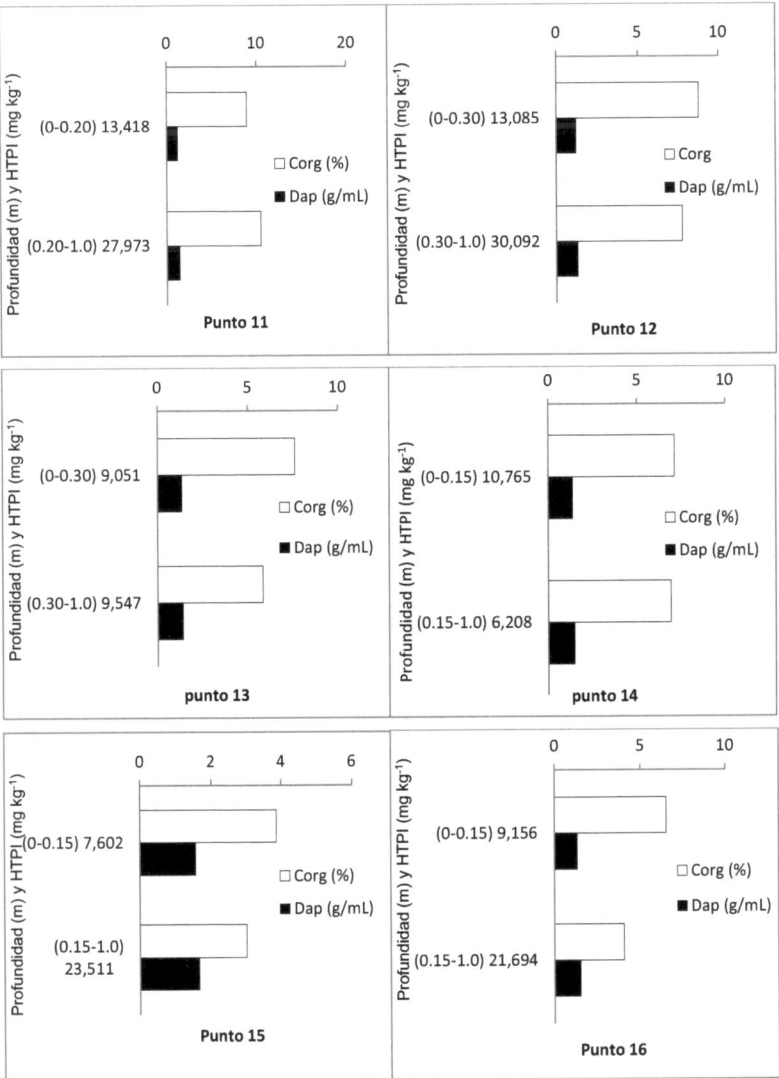

Figura 27. Distribución vertical de densidad aparente y carbono orgánico en el área 1 con 3,000-15,000 miligramos de hidrocarburos totales del petróleo.

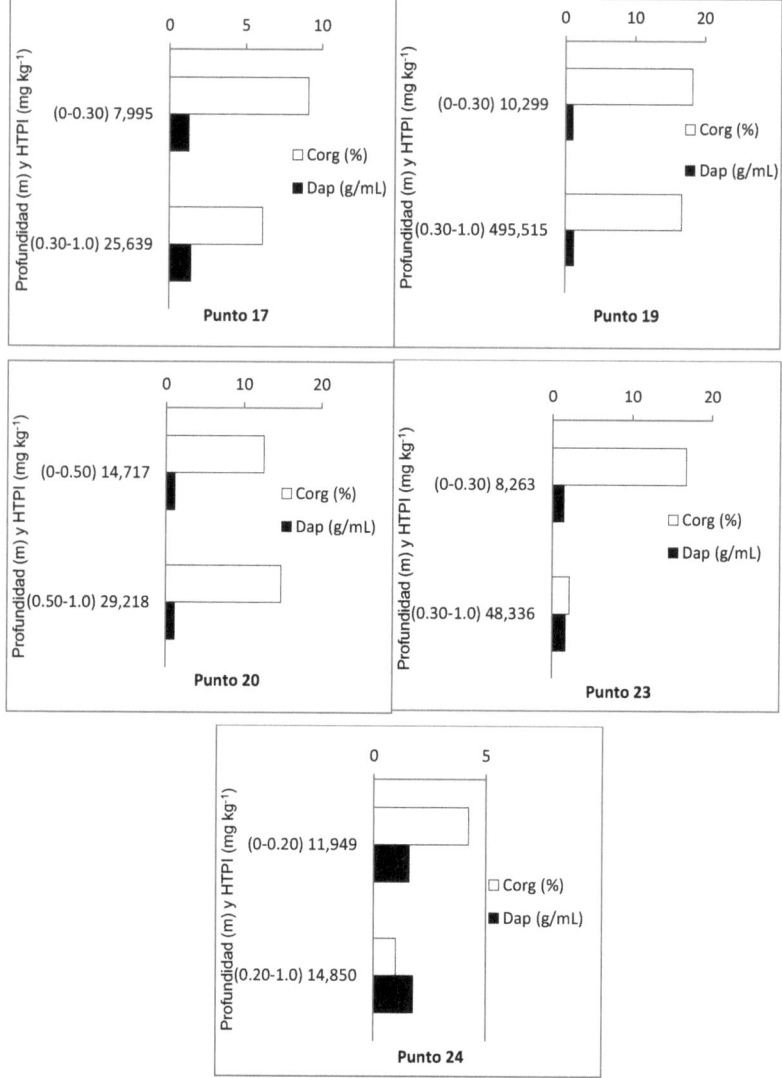

Figura 28. Distribución vertical de densidad aparente y carbono orgánico en el área 1 con 3,000-15,000 miligramos de hidrocarburos totales del petróleo.

El paso continuo del ganado origina que el pisoteo elimine gradual y constantemente la porosidad del suelo, de modo que aumenta la masa por unidad de volumen del suelo. La densidad aparente es mayor en la capa 2 que en la 1 (Figuras 26-28) en 16 de los 17 puntos de muestreo. Esta respuesta es esperada debido a que el pisoteo del ganado elimina el espacio poroso.

6.2.2. Área con rango de 15,001 a 30,000 miligramos de petróleo en suelo

La densidad aparente del suelo donde existen niveles de contaminación de 15,001 a 30,000 mg kg^{-1} de HTP, se localizó solamente en los puntos de muestreo P7 y P9 (Cuadro 9, Figura 29). El rango de la densidad aparente fue homogéneo, la capa 1 fue 1.22 g mL^{-3} y en la capa 2 fue 1.44 g mL^{-3} (Cuadro 9, Figura 29). No obstante de existir una distancia aproximada de 200 m entre ambos puntos de muestreo, los valores de la densidad aparente fueron similares.

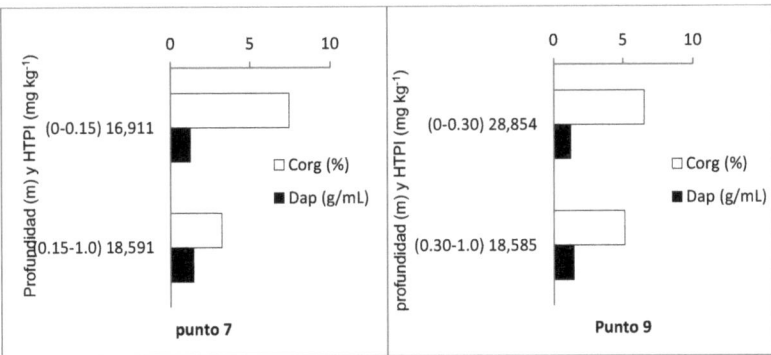

Figura 29.   Distribución vertical de la densidad aparente y carbono orgánico en área 2 con 15,001-30,000 miligramos de hidrocarburos totales del petróleo.

6.2.3. Área con rango de 30,001 a 45,000 miligramos de petróleo en suelo

Los valores de la densidad aparente en los suelos colectados en los puntos 1, 4 y 21 muestran similitud. Los valores fluctuaron en la capa 1 de 1.06 a 1.29 mg en la capa 1 y aumentó en la capa subyacente de 1.17 a 1.34 mg mL^{-3} (Cuadro 10, Figura 30).

Los puntos P1 y P4 se localizan al noroeste del terreno estudiado, se encuentran en una zona alejada de la ruta frecuente de desplazamiento del ganado bovino y ovino.

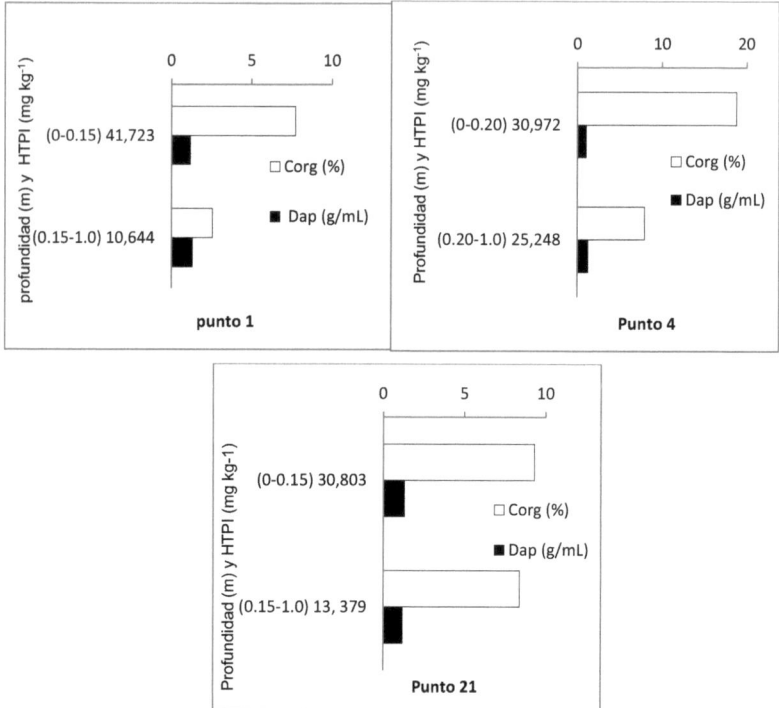

Figura 30. Distribución vertical de la densidad aparente y de carbono orgánico en el área 3 con 30,001-45,000 miligramos de hidrocarburos totales del petróleo.

6.2.4. Área con rango mayor a 45, 000 miligramos de petróleo en suelo

La densidad aparente del suelo en el área más contaminada con niveles mayores a 45,000 mg kg^{-1} de HTP se localizó en un lugar (P18) donde es ruta de paso del ganado cuando se desplaza al oeste de la pradera, y también en el P22, localizado dentro de la presa de tratamiento de lodos residuales de perforación del pozo petrolero La Venta 331 taponado (Cuadro 11, Figura 31). Los valores de la Dap fueron de 1.34 a 1.49 g mL^{-3} en la capa 1 y aumentó a 1.49 a 1.51 mg mL^{-3} (Figura 31). Estos valores altos de densidad se relacionan con el pisoteo del ganado en el suelo.

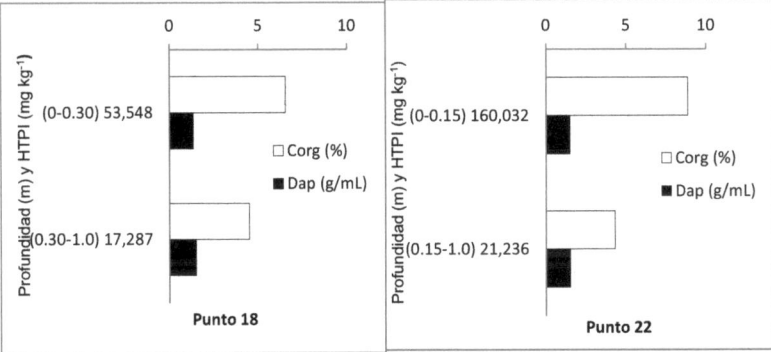

Figura 31. Distribución vertical de la densidad aparente y carbono orgánico del área 4 con más de 45,000 miligramos de hidrocarburos totales del petróleo.

6.3. Carbono orgánico del suelo

El contenido de carbono orgánico del suelo tiene diferencias en las cuatro áreas delimitadas por la cantidad de los HTP, también se identificó que la humedad del suelo influye en los contenidos de COS (Cuadros 9, 10, 11 y 12).

6.3.1. Área con rango de 3,000 a 15,000 miligramos de petróleo en el suelo

El contenido del COS muestra diferencias evidentes considerando las cantidades HTP intemperizado (Cuadro 9). Las cantidades de la capa 1 variaron de 3.86% en el P15 a 16.74% en el P23, y en la capa 2 variaron de 0.99% en el P24 a 14.84% en el P20. La distribución del COS en la capa 1 se relaciona positivamente con la humedad del suelo pero de manera negativa con la cantidad de petróleo (Cuadro 13). Respecto a la capa 2 se identificó relación positiva entre la cantidad del COS con la cantidad de humedad y también de HTP, lo cual sugiere que el carbono del petróleo intemperizado se suma al carbono de la materia orgánica vegetal (Cuadro 13). En general el COS es mayor en la capa superficial del área 1 (Figuras 26, 27 y 28).

Cuadro 13. Correlación de Pearson entre variables del suelo con el petróleo.

Variable	Humedad del suelo	Densidad aparente	Materia orgánica	Carbono orgánico
Capa 1				
HTP	-0.169	0.160	0.011	0.011
Humedad		-0.621**	0.533**	0.534**
Densidad aparente			-0.494**	-0.494**
Materia orgánica				1.00**
Capa 2				
HTP	0.411**	-0.268*	0.610**	0.610**
Humedad		-0.698**	0.740**	0.740**
Densidad aparente			-0.681**	-0.681**
Materia orgánica				1.00**

6.3.2. Área con rango de 15,001 a 30,000 miligramos de petróleo en suelo

Las muestras colectadas en los puntos de muestreo P7 y P9, ubicados dispersamente en extremos opuestos del sitio de estudio (Figura 9) hasta con 30,000 mg de HTP, muestran valores de la capa superficial de 6.49 a 7.42% de COS y disminuye en la capa superficial de 3.22 a 5.1% (Cuadro 10, Figura 29). Al igual que en el área 1, que agrupa suelos con 3,000 a 15,000 mg kg^{-1} de HTP, se encontró asociación positiva con la cantidad de petróleo en la capa 2.

6.3.3. Área con rango de 30,001 a 45,000 miligramos de petróleo en suelo

En las muestras de suelo colectadas en los puntos de muestreo P1, P4 y P21 las cantidades determinadas de COS variaron de 7.77 a 18.93% en la capa 1 y disminuyó en la capa 2 de 2.6 a 8.37% (Cuadro 11, Figura 30). Tal como se mencionó en la sección de humedad del suelo, se encontró asociación directa con la cantidad de humedad del suelo, a mayor cantidad de lámina der agua y de humedad en el suelo se acumula mayor cantidad de materia orgánica vegetal, en consecuencia aumenta el COS.

6.3.4. Área con rango mayor de 45,000 miligramos de petróleo en suelo

Los contenidos de COS en suelos con > 45,000 mg de HTP corresponden a los puntos de muestreo P18 y P22, ubicados en el extremo longitudinal sur (Cuadro 12, Figura 11). Los contenidos de COS en la capa 1 fluctuaron de 6.53 a 8.87% y disminuyó en la capa 2 en el rango 4.3 a 4.5% (Cuadro 12). La mayor cantidad de COS se encontró en la capa 1, con 1.06 veces mayor respecto al valor de la capa 2 (Figura 31).

VII. CONCLUSIONES

El carbono orgánico del suelo superficial, correspondiente a la capa 1, no tiene correlación con la cantidad de hidrocarburos totales del petróleo en las cuatro áreas estudiadas. El contenido de carbono se correlacionó positivamente con la humedad del suelo, posiblemente asociado con la menor tasa de degradación por las condiciones inundadas la mayor parte del año. La densidad aparente afectó la acumulación de materia orgánica en el suelo.

Se identificó, en las cuatro áreas, en la capa subyacente correlación positiva altamente significativa entre el contenido de carbono orgánico con la cantidad de petróleo intemperizado. Lo anterior ocurrió porque la mayor cantidad de hidrocarburos totales del petróleo intemperizado se encontró enterrado en la capa subyacente, de manera que se extrajo tanto el carbono biogénico vegetal como el petrogénico. También se encontró correlación positiva entre carbono y humedad del suelo, en cambio se mantuvo la correlación negativa entre la cantidad de carbono con la densidad aparente.

VIII. RECOMENDACIONES

Realizar mayor número de repeticiones y comparar con suelos testigos

IX. BIBLIOGRAFÍA

Barbosa H. 2011. Remediación de Suelos. Editorial Tecnológico de Estudios Superiores Oriente del Estado de México. Los Reyes, La Paz, edo. México.195 p.

Beltrán-Paz O.I. y Vela-Correa G. 1993. Suelos contaminados con hidrocarburos y su efecto en la formación de agregados del suelo en La Venta, Tabasco. Coyoacán, México. 10 p.

Bornemisza E. 1982. Introducción a la Química de Suelos. Universidad de Costa Rica, San José Costa Rica, Secretaría General de la Organización de los Estados Unidos Americanos Programa Regional de Desarrollo Científico. Monografía no. 25: 21-47

Brissio A.P. 2005. Evaluación preliminar del estado de contaminación en suelos de la provincia del Neuquén donde se efectúan actividades de explotación hidrocarburífera. Tesis Licenciatura en Saneamiento y Protección Ambiental. Escuela Superior de Salud y Ambiente. Universidad Nacional del Comahue. Nahuen, Argentina. 87 p.

Buckman O.H. y Brady C.N. 1970. Naturaleza y propiedades de los suelos. Editorial Montaner y Simón. Barcelona, España.

Calva-Benítez L.G., Pérez-Rojas A. y Marquez-Garcia A.Z. 2006. Contenido de carbono orgánico y características texturales de los sedimentos del sistema costero lagunar Chantuto-Panzacola, Chiapas. Hidrobiológica. 16: 127-136

Camacho B. A. y Ariosa R.L. 2000. Diccionario de términos ambientales. Editorial Acuario. Centro Félix Varela, La Habana, Cuba. 73 p.

Cañipa-Morales N.K. 2002. Caracterización de petróleos de México mediante cromatografía de gases y análisis de componentes principales. Tesis Maestría en Ciencias Químicas. Universidad Autónoma de Hidalgo. Hidalgo, México. 115 p.

Carranza T.G. 2011. Evaluación de los contenidos de petróleo en un suelo restaurado en La Venta, Tabasco. Tesis Químico Fármaco Biólogo. Universidad Popular de la Chontalpa. H. Cárdenas, Tabasco. 36 p.

Castro G. 2007. Monitoreo frente a derrames de hidrocarburos. Editorial Prasa, Proyectos y Asesorías Ambientales. Quillota, Chile.116 p.

CICEANA (Centro de Información y Comunicación Ambiental de Norte América). http://www. CICEANA. Org. Mx. Petróleo.13/02/2014

Del Águila A.R. 2010. Biodesulfuración de fracciones petrolíferas con *Pseudomonas putida* cect5279. Tesis Doctor en Química. Universidad de Alcalá. Alcalá de Henares. Madrid, España. 305 p.

Díaz M.C. 2012. *Casuarina equisetifolia* en la fitorremediación de suelo contaminado con diesel y aplicación de bioestimulación y bioaumentación. Tesis Maestría en Ciencias. Colegio de Postgraduados *Campus* Montecillo. Montecillo, edo. México. 123 p.

DOF (2002). NOM-021-RECNAT-2000. Que establece las especificaciones de fertilidad, salinidad y clasificación de suelos, estudio, muestreo y análisis. Diario Oficial de la Federación. México, D. F. 31 marzo 2002. 85 p.

DOF. 2013. Norma Oficial Mexicana NOM-138-SEMARNAT/SSA1-2012, Límites máximos permisibles de hidrocarburos en suelos y lineamientos para el muestreo en la caracterización y especificaciones para la remediación. Martes 10 de septiembre de 2013. Segunda sección. 16 p.

Dorantes A.R. 2008. Fitorremediación de suelos contaminados con diferentes tipos de petróleos crudos mediante el pasto azul (*Echinochloa* sp). Tesis Ingeniero Químico Petrolero. Universidad Popular de la Chontalpa. H. Cárdenas, Tabasco. 77 p.

Dorantes A.R. 2010. Estudio comparativo de tres épocas del año en características químicas, plantas y organismos del suelo contaminado con petróleo en la venta, Tabasco, México. Tesis Maestría en Ciencias. Colegio de Postgraduados. H. Cárdenas, Tabasco. 161 p.

Fassbender H.W. 1975. Química de suelos con énfasis en suelos de América Latina. Editorial ICCA. 2a. ed. San José, Costa Rica. 419 p.

Fernández L.C., Rojas N.G., Roldán T.J., Ramírez M.E., Zegarra H.G., Uribe H.R., Reyes R.J., Flores D. y Arce J.M. 2006. Manual de técnicas de análisis de suelos aplicadas a la remediación de sitios contaminados. Editorial Deporte Mexicano. Mixcoac, México, D.F. 184 p.

García M.D.G. 2013. Manejo de residuos sólidos con hidrocarburos durante la perforación de pozos terrestres. Tesis Licenciado Químico Fármaco Biólogo. Universidad Popular de la Chontalpa. H. Cárdenas, Tabasco. 42 p.

Giménez R. 2013. Física del suelo. Cátedra de Edafología. Universidad Nacional de Tucumán. Buenos Aires, Argentina.16 p.

González-Moscoso M., Rivera-Cruz M.C. y Trujillo-Narcía A. 2012. Agregados estables y carbono orgánico en un Vertisol contaminado con petróleo fresco. *In:* Tópicos edafológicos de actualidad. XXXVII Congreso Nacional de la Ciencia del suelo. Zacatecas, Zacatecas. pp. 135-137.

Hernandez-Nataren L.C. 2005. Evaluación del efecto de cuatro géneros de hongos en la biorremediacion de suelo contaminado con petróleo crudo. Tesis Licenciatura en Biología. Universidad Veracruzana. Córdova, Veracruz. 112 p.

Httpp.www.unoviedo.es/bos/asignaturas/FvcA/seminarios/seminario/Seminario de suelos. 9/01/2014

Huerta-Cantera H.E. 2010. Determinación de propiedades físicas y químicas de suelos con mercurio en la región de San Joaquín, Qro. y su relación con el crecimiento bacteriano. Tesis Licenciatura en Biología. Universidad Autónoma de Querétaro. Querétaro, México. 61 p.

Jordán L.A. 2005. Manual de Edafología. Editorial Departamento de Cristalografía, Mineralogía y Química Agrícola de la Universidad de Sevilla. 1a. ed. Sevilla, España. 143 p.

Karla X.P. y Maynard D.G. Determinación de humedad. *In:* Etchevers B.J.D. (ed.). 1992. Manual de métodos para análisis de suelos, plantas aguas y fertilizantes. Análisis rutinarios en estudios y programas de fertilidad. Laboratorio de Fertilidad, Centro de Edafología. Colegio de Postgraduados en Ciencias Agrícolas. Montecillo, edo. México.101 p.

Keller T., and Håkansson I. 2010. Estimation of reference bulk density from soil particle size distribution and soil organic matter content. Geoderma 154: 398-406

López de la F.J.C. 2010. Evaluación de los contenidos de petróleo crudo en suelo restaurado en Cunduacán, Tabasco. Tesis Licenciado Químico Fármaco Biólogo. Universidad Popular de la Chontalpa. H. Cárdenas, Tabasco. 43 p.

Martínez M.V.E. y López S.F. 2001. Efecto de hidrocarburos en las propiedades físicas y químicas de suelo arcilloso. Terra 19: 9-17

Martínez E., Fuentes J.P. y Acevedo E. 2008. Carbono orgánico y propiedades del suelo. Revista de la Ciencia del Suelo y Nutrición Vegetal 8: 68-96

Nelson D.W., and Sommers L.E. 1996. Total carbon organic carbon, and organic matter. *In*: Page A.L. (ed.). Methods of Soil Analysis. Part. 2. 2nd ed. Am. Soc. of Agron. Inc. Madison, WI, USA. pp. 961-1010.

Ñustez C.D.C. 2012. Biorremediacion para la degradación de hidrocarburos totales presentes en los sedimentos de una estación de servicio de combustible. Tesis Maestría en Ecotecnologia. Universidad Tecnológica de Pereira. Pereira, Colombia. 106 p.

Olguín E.J., Hernández M.E. y Sánchez-Galván G. 2007. Contaminación de manglares por hidrocarburos y estrategias de biorremediacion, fitorremediación y restauración. *Revista Internacional de Contaminación Ambiental* 23: 139-154

Palma, L. y Cisneros, J. 1996. *Plan de uso sustentable de los suelos de Tabasco*. Fundación Procede Tabasco A. C (eds.). Villahermosa, Tabasco, México. 258 p.

Pons J.M. 2010. Extracción de hidrocarburos y compuestos derivados del petróleo en suelos agrícolas de la cuenca baja del Río Tonalá. Tesis Maestría en Ciencias. Colegio de Postgraduados *Campus* Tabasco. H. Cárdenas, Tabasco. 92 p.

Porta J., López-Acevedo M. y Roquero C. 2003. Edafología para la agricultura y el medio ambiente. Ediciones Mundi Prensa. 3a. ed. Madrid, España. 960 p.

Procuraduría Federal de protección al Ambiente. (PROFEPA), 2011. Reporte de derrames y fugas del periodo 2000-2011. México, D.F. 2 p.

Rivera P.F. 2012. Derrames de hidrocarburos en suelos agrícolas. Editorial Instituto Belisario Domínguez, Senado de la República. San Juan Mixcoac. México, D.F. 44 p.

Rivera-Cruz M.C., Ferrera-Cerrato R., Volke-Haller V., Fernández-Linares L. y Rodriguez-Vazquez R. 2002. Poblaciones microbianas en perfiles de suelos afectados por hidrocarburos del petróleo en el estado de Tabasco, México. Agrociencia 36: 149-160

Rucks L., García F., Kaplán A., Ponce de León J. y Hill M. 2004. Propiedades físicas del suelo. Universidad de la República de Uruguay. Montevideo, Uruguay. 68 p.

Taboada M.A. y Álvarez C.R. 2008. Fertilidad física de los suelos. 2a. ed. Editorial Facultad de Agronomía, Universidad de Buenos Aires. Buenos Aires, Argentina. 180 p.

Thompson L.M. y Troeh F.R. 1982. Los suelos y su fertilidad. Editorial Reverté, S. A. 4a ed. Barcelona, España. 367 p.

Torres D.K. y Zuluaga M.T. 2009. Biorremediación de suelos contaminados con hidrocarburos. Tesis Ingeniería Química. Universidad Nacional de Colombia. Medellín, Colombia. 92 p.

Trujillo-Narcía A., Rivera-Cruz M.C., Lagunes-Espinoza L.C., Palma-López D.J., Soto-Sánchez S. y Ramírez-Valverde G. 2012. Efecto de la restauración de un Fluvisol contaminado con petróleo crudo. Revista Internacional de Contaminación Ambiental 28: 361-374

Viñas C.M. 2005. Biorremediación de suelos contaminados por hidrocarburos: caracterización microbiológica, química y ecotoxicológica. Tesis Doctor en Biología. Universidad de Barcelona. Barcelona, España. 352 p.

Volke-Sepúlveda., Velasco-Trejo, J.A. y de la Rosa Pérez, D.A. 2005. Suelos contaminados por metales y metaloides: muestreo y alternativas para su remediación. In: Secretaria de Medio ambiente y Recursos Naturales, Instituto Nacional de Ecología. México, D.F. p 19-31.